U0646481

中等职业学校
学生职业素养养成教育系列教材

能力、素养与行动

主　编　黄静梅

副主编　吴　娟　周　岚

编　委（按姓氏首字母汉语拼音排序）

白兰秀　陈　华　陈中政　程　利

顾　亮　贺长春　李永前　刘　芳

卢昌秀　覃君霞　屈　军　任熹璇

阮李蓓　吴天天　相　妍　徐　佳

杨　琴　张　英　张向前　周雪萍

配　图　先帷帷

动　画　胡　红

北京师范大学出版集团
BEIJING NORMAL UNIVERSITY PUBLISHING GROUP
北京师范大学出版社

图书在版编目（CIP）数据

能力、素养与行动/黄静梅主编. —北京：北京
师范大学出版社，2021.1
中等职业学校学生职业素养养成教育系列教材
ISBN 978-7-303-26447-6

Ⅰ．①能… Ⅱ．①黄… Ⅲ．①职业道德－中等专业学
校－教材 Ⅳ．①B822.9

中国版本图书馆CIP数据核字（2020）第218440号

营 销 中 心 电 话	010-58802755　58801876
北师大出版社职业教育分社网	http：//zjfs.bnup.com
电 子 信 箱	zhijiao@bnupg.com

出版发行：北京师范大学出版社 www.bnupg.com
　　　　　北京市西城区新街口外大街12-3号
　　　　　邮政编码：100088
印　　刷：天津旭非印刷有限公司
经　　销：全国新华书店
开　　本：787mm×1092mm　1/16
印　　张：11
字　　数：180千字
版　　次：2021年1月第1版
印　　次：2021年1月第1次印刷
定　　价：35.00元

策划编辑：鲁晓双	责任编辑：朱前前
美术编辑：焦　丽	装帧设计：李尘工作室
责任校对：陈　民	责任印制：陈　涛

PREFACE 前言

在教学实践中我们经常会遇到这样的现象：如果学生了解所学专业，并希望今后从事与该专业相关的职业，那么他们通常学习认真努力；如果学生对所学专业不了解或不感兴趣，即使在老师的严格要求下，也难以取得比较好的学习成效；实习或参加工作的学生往往变得越来越爱学习，常常主动联系老师咨询专业问题，收集学习资料，因为学生在走上工作岗位后，明确了职业发展方向，认识到只有尽快学习和掌握更多的知识技能，才能胜任工作岗位并获得长远发展。

2018 年 4 月，教育部印发了《中等职业学校职业指导工作规定》，明确提出要"帮助学生认识自我，了解社会，了解专业和职业，增强职业意识，树立正确的职业观和职业理想，增强学生提高职业素养的自觉性，培育职业精神；引导学生选择职业、规划职业，提高求职择业过程中的抗挫折能力和职业转换的适应能力，更好地适应和融入社会"。2019 年 6 月，《教育部关于职业院校专业人才培养方案制订与实施工作的指导意见》要求"强化学生职业素养养成和专业技术积累，将专业精神、职业精神和工匠精神融入人才培养全过程"。

本套教材紧紧围绕中等职业学校学生职业素养养成的三大板块：专业、职业与自我，能力、素养与行动，择业、就业与创业。通过"职场启迪堂"（哲理、寓言等故事导入）、"职场加油站"（主要概念等知识呈现）、"职场活动亭"（游戏、讨论、案例、情景等活动体验）、"职场放松屋"（故事、典故、笑话、名言、歌曲等内

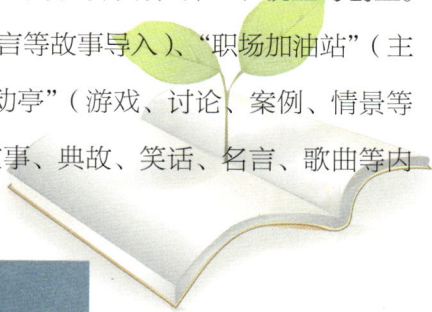

容深化）、"职场通关廊"（任务、检测、作业等内容强化）、"职场心愿树"（自我评价、心语心愿等情感激发）、"职场拾贝苑"（反思总结等成长记录）等栏目的设计与呈现，力求符合中职学生的认知特点、激发中职学生的学习兴趣，并形成如下特点。

第一，在内容上尊重规律，供需平衡。以中职学生入校后的认知发展阶段历程及职业化的过程规律为主线，以各个阶段职业化的核心任务为主要内容，让教材内容的"供"与学生职业化过程的"需"之间在时间上对应，有利于激发学生学习的内驱力。

第二，在形式上以生为本，深入浅出。突出"三化"：结构化、活动化、图式化。用清晰、固定的结构，用丰富、多样的活动，用直观易懂的图式，深入浅出，便于学生接纳、参与和理解。

第三，在环节上完整闭环，外育内省。每个专题包括"导入—知识点呈现—活动体验—通关检测—反思升华"等环节，形成动机激发—学习—评价—产生成效的完整闭环。每个环节不仅致力于引导学生学习，而且致力于促进学生自我发现与内省，润物无声。

第四，在资源上，创新变革，活用资源。一是运用大量具有代表性和启迪性的哲理、寓言故事、游戏等资源让不同专业的师生都能产生普遍认同及共鸣；二是采用扫码方式，为师生提供可动态更新的图文与音视频资料，拓展了教材的容量。

第五，在方法上，任务驱动、自主探究。借鉴专业教学中的项目化教学，一个专题为一个项目，实施过程注重任务驱动、自主探究，改变了学生的学习方式，能较好地激发学生学习的内动力，促进知行合一，提升学习成效。

本套教材于学生而言，为中职学校学生培养职业意识、职业精神、职业态度、职业素养，构建起了专门化、系统化、渐进化的目标、内容、方法、程序、资源体系；于教师而言，为中职学校教师有效开展专门化、系统化、渐进化职业指导工作，提供了目标、内容、方法、程序、资源体系。

本套教材在编写过程中，参考了很多同类教材以及许多专家学者的专著、论文，同时在网络上浏览了大量信息，丰富了教材内容，激发了编写灵感，在此向这些文献资料的作者表示感谢。由于编者水平有限，书中难免存在疏漏之处，竭诚希望广大读者提出宝贵意见和建议，我们将不断改进和完善。

编　者

CONTENTS 目录

第一单元 >> 涵养品格

■ 职场启迪堂 》》

你真是一个不会享受生活、不懂快乐的家伙！瞧我，住在懒小猪的家里，风吹不着，雨淋不着，整天唱歌跳舞，快快乐乐地享受生活，多舒适呀！

图 1-1

小鸟不理苍蝇，继续筑窝。

图 1-2

出去

图 1-3

图 1-4

　　小鸟每天忙忙碌碌地叼着树枝建造自己的房子。

　　一只苍蝇飞过来，讥笑他说："你真是一个不会享受生活、不懂快乐的家伙！瞧我，住在懒小猪的家里，风吹不着，雨淋不着，整天唱歌跳舞，快快乐乐地享受生活，多舒适呀！"

　　小鸟轻蔑地看了苍蝇一眼，继续建房子。

　　懒小猪受到小鸟的启发后，也变勤快了。他把房间打扫得干干净净，安上了漂亮的纱窗，并把苍蝇赶出了门。

　　下雨了，无家可归的苍蝇被雨淋得东撞一下、西撞一下，仓皇逃窜。而小鸟却在自己建造的房子里快乐地歌唱。

　　——《小鸟和苍蝇》，载《小学阅读指南（低年级版）》，2008（Z1）。

　　从古至今，每一个成功者手中的鲜花，都是用他们辛勤的汗水浇灌出来的。

　　因为勤奋，西汉时期凿壁借光的匡衡成为一个很有学问的人。

　　因为勤奋，晋代时期囊萤映雪的车胤成了东晋大臣。

　　因为勤奋，北宋时期警枕励志的司马光写出了巨著《资治通鉴》。

　　因为勤奋，当代边推磨边看书的莫言成为中国首位诺贝尔文学奖获得者。

　　因为勤奋，当代以身试药无数次的屠呦呦终于获得了诺贝尔医学奖。

　　这些时代的巨人之所以能够从平凡中脱颖而出，很大程度上在于他们勤奋务实、脚踏实地，比别人付出了更多的努力和心血。

职场加油站 ≫

◆ 勤奋务实的含义

　　勤奋，《现代汉语词典》解释为：不懈地努力工作或学习。勤奋重在一个"勤"字，它的反义词是懒惰。勤能补拙，勤则业精，勤则成功。邵子云："一生之计在于勤。"（语出《增广贤文·上集》）

　　务实，《现代汉语词典》解释为：从事或讨论具体的工作。务实重在一个"实"字，它的反义词是务虚。实则有底气，实则有实力，实则有收获。

❖ 勤奋务实的重要性

从古至今，勤奋与务实都是中华民族的传统美德。古有"头悬梁，锥刺股"，今有华罗庚"勤能补拙是良训，一分辛苦一分才"，无不彰显着勤奋与务实在一个人成长中的重要作用。

1. 勤奋的重要性

人生在勤，勤能补拙。人生是长跑，通过后天的勤奋也能够弥补先天的不足、缺陷。"天才就是百分之九十九的汗水加百分之一的灵感"，"勤劳一日，可得一夜安眠；勤劳一生，可得幸福长眠"，这些名言警句无不体现勤奋的价值和作用。

人生在勤，勤则业精。唐代大文豪韩愈曾说："业精于勤，荒于嬉；行成于思，毁于随。"业：本指学业，现可引申为事业；精：精通；于：在于；勤：勤奋。学业和事业的精深造诣来源于勤奋。勤，就是要珍惜时间，勤学习，勤思考，勤探究，勤实践。

人生在勤，勤则成功。成功的道路千万条，但勤奋是其中最宝贵的一条。最宝贵的勤奋，不光是精神上的勤奋，也指大脑的勤奋和身体的勤奋。当一个人的精神、大脑、身体都勤奋，并且持之以恒的时候，天道酬勤，会为实现自我的发展奠定坚实的基础。

2. 务实的重要性

人生在实，实则有底气。脚踏实地，以务实的态度对待人和事，可以赢得更多的信任，也能够让自己的内心更加坚韧、踏实、有底气。

人生在实，实则有实力。务实的人，喜欢做多于说，躬身于实践，通过实际行动，夯实自己的基础，从而得到更多的真知，积累更多的实力。

人生在实，实则有收获。很少有事情是能够一蹴而就的，踏踏实实，一步一个脚印地做，更能让我们到达成功的彼岸。

◆ 勤奋务实的行为表现

1. 勤于思考，愿意琢磨更好的路径

虽说条条道路通罗马，但很多时候，在实现目标的过程中，不可只凭盲干和蛮干，而是需要随时开动脑筋，反复琢磨，思考哪条道路是更适合的、更便捷的、更高效的，并通过对比，选出更有效、更有利的路径。

2. 勤于练习，愿意付出较多的时间和努力

根据设定的目标，拟订练习计划，付出比别人更多的时间和努力，加强基本功的练习，夯实基础，厚积薄发。在此基础上，根据目标增加练习的次数和增强练习的难度，这样一步步实现目标。

3. 勤于实践，愿意克服各种的困难

"不经历风雨，怎么见彩虹，没有人能随随便便成功！"在实现目标的过程中，有好的想法或好的方法，但不加以实践，始终就是"空中楼阁"。在实践中会遇见各种各样的困难和挫折，只有直面困难，勤于实践，才能通过实践获得真知。

4. 不懈怠，愿意持之以恒地付出

"锲而舍之，朽木不折；锲而不舍，金石可镂。"刻几下便停下来，腐烂的木头都不能刻断；不停地刻下去，金石都能够雕刻成功。在实现目标的过程中，应当有锲而不舍的精神，并持之以恒地付出，不轻言放弃，点滴积累，坚持才能成功。

职场活动亭 »

赛一赛

玩家攻略

1. 游戏名称：最强大脑——报菜名

2. 准备：计时器、菜单

菜单：蒸羊羔，蒸鹿尾儿，烧花鸭，烧雏鸡，烧子鹅，卤煮，卤鸭，酱鸡，腊肉，松花小肚儿，晾肉，香肠，什锦苏盘，熏鸡白肚儿，清蒸八宝猪，江米酿鸭子，清蒸鸡，黄焖鸡，大盘鸡，熘碎鸡，香酥鸡，炒鸡丁儿，熘鸡块儿，三鲜丁儿，八宝丁儿，清蒸玉兰片，炒虾仁儿，炒腰花儿，炒蹄筋儿，锅烧海参，锅烧白菜，炸海耳，浇田鸡，桂花翅子，清蒸翅子，炸飞禽，炸葱，炸排骨，红丸子，白丸子，熘丸子，炸丸子，三鲜丸子，四喜丸子，氽丸子，葵花丸子，饹炸丸子，豆腐丸子，红炖肉，白炖肉，松肉，扣肉，烤肉，酱肉，荷叶卤，一品肉，樱桃肉，马牙肉，酱豆腐肉，坛子肉，罐儿肉，元宝肉，福禄肉，红肘子，白肘子，水晶肘子，蜜蜡肘子，烧烊肘子，扒肘条儿，蒸羊肉，烧羊肉，五香羊肉，酱羊肉，氽三样儿，爆三样儿，烧紫盖儿，炖鸭杂儿，熘白杂碎，栗子鸡，尖氽活鲤鱼，板鸭，筒子鸡。

3. 规则

（1）各自准备，努力记住所有菜名，时间8分钟。

（2）挑战赛：1分钟时间内凭记忆报出菜名，报得又多又正确者获"最强大脑"称号。

4. 现场采访

（1）采访"最强大脑"称号获得者，获胜的窍门是什么？在准备的8分钟时间里做了什么？

（2）随机采访其他同学，在准备的8分钟时间里做了什么？

（3）可以通过哪些途径和办法让我们报的菜名更多？

读一读

1. 阅读"职场启迪堂"的故事和"职场放松屋"漫画，分享收获和感受。

2. 结合自己和身边看到的案例，分析人为什么要勤奋？勤奋对我们有哪些价值和意义？

说一说

1. 分小组，在组内讲一讲自己勤奋务实的故事：

（1）为了什么事情自己特别勤奋和务实？

（2）自己勤奋务实都表现在哪些行为上？

（3）自己勤奋务实带来了怎样的成果和收获？

2. 根据小组分享的故事，小组成员归纳总结：勤奋务实的具体行为表现有哪些？勤奋务实对我们的价值意义体现在哪些方面？

3. 将讨论结果做成思维导图，分小组向全班展示分享。

比一比

也许我们过去在某些喜欢和感兴趣的事情上比较勤奋，而对部分不是特别感兴趣的事情便不是那么勤奋了。勤奋务实是一种学习、生活和工作的重要品质，我们需要从现在开始，从当前的学习、生活开始，培养勤奋务实的良好品质，这会让我们受益终身。

1. 回顾一下自己的学习生活，看看还有哪些本该踏踏实实、一步一个脚印花更多时间做好的事情，自己还做得不是很好，比如学习、锻炼等。请将你思考的结果填写在"职场通关廊"的表格中，看谁写的改进措施最具体。

2. 一句话分享填表后的收获或给自己的激励性话语。

职场放松屋 ≫

图1-5

图1-6

图 1-7

图 1-8

不管为了现实还是理想，总要加把劲！别为懒惰找理由，因为你总会遇到生活的问题，一味地懒惰，将会遍体鳞伤！

职场通关廊 >>

在学生时代，对待学习和生活时，养成勤奋、务实的好习惯，在以后的职场上将受益无穷。请根据下表栏目，认真思考并填写。

学习和生活中，勤奋务实的行为表现		做到了的行为	还需要改进的行为	采取的改进措施
	勤于思考			
	勤于练习			
	勤于实践			

职场心·愿树 >>

亲爱的同学，通过上面的学习，相信你对勤奋有了更加深入的了解。致勤奋的自己，给自己写几句加油的话吧！

职场拾贝苑 >>

亲爱的同学，请将你在本节课学习、活动中的收获、体会和成长记录下来哦！

收获：_____

_____

体会：_____

_____

成长：_____

_____

职场启迪堂 »

图 2-1

图 2-2

图 2-3

图 2-4

　　有一位表演艺术家上场前，他的徒弟告诉他鞋带松了。表演艺术家点头致谢，蹲下来仔细系好鞋带。

　　等到徒弟转身后，表演艺术家又蹲下来将鞋带解松。有个旁观者看到了这一切，不解地问：“请问，您为什么又要将鞋带解松呢？”表演艺术家回答道：“因为我饰演的是一位劳累的旅者，长途跋涉让他的鞋带松了，可以通过这个细节表现他的劳累憔悴。""那您为什么不直接告诉您的徒弟呢?""他能细心地发现我的鞋带松了,并且热心地告诉我,说明他是一个细心又热心的徒弟,将来他也会得到更多的表演机会。至于为什么要将鞋带解开,可以在下一次他表演时再说啊。"

——改编自《教育现代化》,2018(18)。

表演艺术家用松开的鞋带来表现长途跋涉旅者的劳累憔悴,徒弟却不明白其中深义,发现并提醒他的师父鞋带松了,结果赢得了更多的表演机会,这是为什么呢?

职场加油站 》

↣ 细心的含义

细心即心思周密,也作"心细",心思细密。《现代汉语词典》第7版解释:用心细密。细心做事是做事情小心谨慎,不马虎,肯花时间、肯动脑筋、肯耗精力去想、去观察、去研究、去琢磨事情,是对所做的事情有着高度的责任心、积极的做事态度、正确的思维方式;实际生活中指在具体做事的过程中能深入细致周密地考虑每一个细节,并实实在在、时时刻刻坚持用心地做每一个细节,做好每一个细节,能使出最大的力气做事情,也能把事情做得更加完美。

↣ 细心做事的意义

古人云"一失足成千古恨",一个单纯的细节或许并不会造成十分严重的后果,然而许多同样的细节组织在一起就会成为大问题。因此,做事过程中无论哪一个细节都是不容忽视的,都是需要我们细心对待的。

1. 细心做事决定全局成败

细节决定成败,一些关键性的细节往往可能决定整个事件的全局。细心对于完成任何一件事情都是不可或缺的。如果做事者在日常生活中细心程度不够，或由于时间紧而不高度重视，或以为经验丰富而忽略某些细节，就会最终导致整个事情的全局失败。在日常生活中重视细节、细心发现会带给我们很多惊喜；忽视细节、粗心大意会带给我们无尽后患。"少了一个铁钉，丢了一只马掌。少了一只马掌，丢了一匹战马。少了一匹战马，败了一场战役。败了一场战役，失了一个国家。""千里之堤，溃于蚁穴"，不重视细节会带来严重后果。

2. 细心做事提高效率与质量

细心做事，往往会让你事半功倍。只有注重细节，细心做事，避免不必要的重复劳动，才能有真正的效率和质量。细心会将事情做好，而马虎却会将事情搞砸。粗心大意、马马虎虎，不注重细节，就会错误百出、漏洞百出，重复返工，造成事情延期完成、质量下降甚至埋下祸端，造成不可挽回的严重损失、无法弥补的失误。

3. 细心做事实现自我发展

工作能力的强弱是我们生存和自我发展的一个重要尺度，而细心是提升自己工作能力的关键因素。很多时候，一个人的严谨和敬业精神是通过生活和工作中的小细节折射出来的。工作过程中做事细心一点，不仅可以提高工作效率进而提升工作能力，而且可以赢得更多人的信任，赢得更多的发展空间，实现更好的自我发展。

◆› 细心做事的表现

1. 态度认真　做事积极

细心做事时首先秉持着细心认真的工作态度，对细心的重要性有深刻的认识和领悟。工作中常常细节上出差错，究其原因是对待工作态度懈怠，不积极，做事过程中责任心不够。

2. 严格要求　有条不紊

细心做事有着高标准、严要求。在做事过程中讲究条理，从生活的点滴开始，有条不紊地处理事情。做事从头到尾依据完整流程，也就是做之前要观察，进行中要思考，做完之后反复检查，不丢三落四，这件事还没做完就想着做下一件事，事情要一件一件地做。

3. 关注细节 精益求精

细心做事的过程中专注力和观察力都很强，能细致地做好每一件事情，能专注于细节，排除干扰因素，并将事情做到极致。对细节有很高要求，追求完美和极致，对精品有着执着的坚持和追求，喜欢不断雕琢自己的产品，不断完善自己的工艺，享受产品在双手中升华的过程。

4. 谨慎小心 考虑周全

做事谨慎小心，不马虎，也不过分谨小慎微、缩手缩脚；考虑问题周到全面，既能重视细节又能考虑大局，照顾到各个层面，不挂一漏万。

↦ 细心习惯的养成方法

1. 多观察、常思考

对周围发生的事情多观察，看看别人是怎么做的，常思考为什么这样做，这样做是对是错，这样做的结果是什么。能否观察到别人没注意到的事情，看看有没有更加合理、便捷的做法，分析事情的因果关系，如果是自己的话该怎么做，并尽可能提出优化的建议。

2. 善挖掘、常改进

善于挖掘事情的症结，对于自己所做的事情，尤其是学习工作上的问题，找出关键所在，并积极处理。对于自己不足的地方，要明白自己的不足之处，并想办法改进这些不足，力求做到更好。

3. 常提醒、多监督

经常自我提醒，比如用完任何东西都不要随手放置，在放东西的时候要提醒自己以后还要用，放在固定的位置方便下次再找；比如记忆某个重要信息时，也要常常提醒自己这个东西很重要，提醒大脑不要把它当作混杂信息处理掉了。或设置提醒工具，比如记事本或者小纸条，手机记事本，在日常工作生活醒目处的日历上也可以记。或请周围的亲人朋友帮忙提醒监督。

4. 常训练、养习惯

常常做一些涵养细心品格的小训练，比如刺绣、手工、统计数字、整理房间等，细分身边的事情并制订细致妥当、井然有序地执行计划，长期坚持下来，久而久之便形成了好习惯。

总之，细心首先是态度，然后是慢慢养成的习惯。如果你已经有了养成细心习惯的迫切愿望，再加上长期坚持不懈的努力就一定会成功。

职场活动亭 ≫

看一看

通过学习本专题"职场启迪堂"的故事，思考为什么故事中的徒弟会得到更多的表演机会?

玩一玩

玩家攻略

1. 主题：找不同。

2. 准备：按小组事先打印两张"找不同"的图片，如下面图片。

图2-5

图2-6

3. 规则：

（1）活动采用竞赛的方式进行。

（2）分组参与"找不同"的活动环节。

（3）判定标准：同一时间里找得又快又准个数又多的小组进行排名。

（4）奖励规则：按排名顺序依次获得对应的奖励礼包。

4. 组织：

（1）所有同学按班级人数平均分成若干小组（多出的同学担任教师助手，可协助教师进行小组统计以及执行奖励活动等）。

（2）每组各产生一位组长。组长可自荐、可推选、可指定。组长负责组织本组成员努力找到所有的不同处。

5. 流程：

（1）第一轮找不同。

①教师将事先打印好的"找不同"的图片发给每一个小组，分小组找出这两幅图有什么不同。看谁找得又快又准又多。

②教师和学生助手（有分组多出学生的情况）统计各小组正确个数，并将这一轮的成绩排名写在黑板上。

（2）第二轮找不同。

①扫码观看动画《员工小甲和小乙》，分小组找出甲乙两名员工的不同之处。看谁找得又快又多。

员工小甲和小乙

②教师和学生助手统计各小组正确个数，并将这一轮的成绩排名写在黑板上。

谈一谈

1. 结合第一轮找不同，谈谈：

（1）活动中你用了哪些方法？现在你发现用什么方法可以帮你又快又全地找到不同？

（2）在刚才的活动中，你获得哪些启发和收获？

2. 结合第二轮"找不同"，谈谈：

（1）相比甲员工，乙员工关注到了哪些细节？

（2）结合两位员工的行为进行分析，谈谈细心做事的人都有怎样的表现。

（3）如果目前的你是一位员工，遇到同样的情况你会怎么做？你的行为和乙员工相比会有差距吗？如果有差距表现在哪些方面？你觉得怎样做可以逐渐缩小这些方面的差距？

_____

_____

_____

读一读

再次品读《员工小甲和小乙》，快速阅读"职场放松屋"的故事，说一说：

（1）为什么甲员工会受到如此待遇？为什么王永庆会取得成功？细心做事究竟对我们有什么样的意义和作用？

（2）结合自己的专业实际，谈谈在以后的职场中，要注意哪些工作细节？

填一填

要涵养细心品格，要重视细节，那么日常生活中如何将细心做事落实于行为之中呢？去"职场闯关廊"填一填，检测一下自己在日常生活中的细心程度吧！

亮一亮

根据本节"职场加油站"细心做事的含义和表现，自我评析，亮出自己粗心马虎的习惯，提出自我改进的措施，自我监督、自我提醒，为自己助力加油！

职场放松屋 >>

提起台湾首富王永庆，几乎无人不晓。他把台湾塑胶集团推进到世界化工业前 50 名。而在创业初期，他做的还只是卖米的小本生意。

王永庆早年因家贫读不起书，只好去做买卖。16 岁的王永庆从老家来到嘉义开米店。那时，小小的嘉义已有米店近 30 家，竞争非常激烈。当时仅有 200 元资金的王永庆，只能在一条偏僻的巷子里承租一个很小的铺面。他的米店开办最晚，规模最小，更谈不上知名度了，没有任何优势。在新开张的那段日子里，生意冷冷清清，门可罗雀。

刚开始，王永庆曾背着米挨家挨户去推销，一天下来，不仅人累得够呛，而且效果也不太好。谁会买一个小商贩上门推销的米呢？可怎样才能打开销路呢？王永庆决定从每一粒米上打开突破口。那时候的台湾，农民还处在手工作业状态，由于稻谷收割与加工的技术落后，很多小石子之类的杂物很容易掺杂在米里。人们在做饭之前，都要淘好几次米，很不方便。但大家都已见怪不怪，习以为常。

王永庆却从这司空见惯中找到了切入点。他和两个弟弟一齐动手，一点一点地将夹杂在米里的秕糠、砂石之类的杂物拣出来，然后再卖。一时间，小镇上的主妇们都说，王永庆卖的米质量好。这样，一传十，十传百，米店的生意日渐红火起来。

王永庆并没有就此满足。他还要在米上下大功夫。那时候，顾客都是上门买米，自己运送回家。这对年轻人来说不算什么，但对一些上了年纪的人来说就是不便了，而年轻人又无暇顾及家务，买米的顾客以老年人居多。王永庆注意到这一细节，于是主动送米上门。这一方便顾客的服务措施同样大受欢迎。当时还没有"送货上门"一说，增加这一服务项目等于是一项创举。

王永庆送米，并非送到顾客家门口了事，还要将米倒进米缸里。如果米缸里还有陈米，他就将陈米倒出来，把米缸擦干净，再把新米倒进去，把新米和陈米分开放置，这样，陈米就不至于因存放过久而变质。王永庆这一精细的服务令顾客深受感动，赢得了很多的顾客。

如果给新顾客送米，王永庆就细心记下这户人家米缸的容量，并且问明家里有多少人吃饭，几个大人、几个小孩，每人饭量如何，据此估计该户人家下次买米的大概时间，记在本子上。到时候，不等顾客上门，他就主动将相应数量的米送到客户家里。

王永庆精细、务实的服务，使嘉义人都知道在米市马路尽头的巷子里，有一个卖好米并送货上门的王永庆。有了知名度后，王永庆的生意更加红火起来。这样，经过一年多的资金积累和客户积累，王永庆便自己办了个碾米厂，在最繁华热闹的临街处租了一处比原来大好几倍的房子，临街做铺面，里间做碾米厂。

就这样，王永庆从小小的米店生意开始了他后来问鼎台湾首富的事业。

——改编自安然：《台湾首富王永庆从一粒米成功》，载《人民文摘》，2008（1）。

王永庆成功的例子说明，不要以为成就事业就非得轰轰烈烈、惊天动地，把卖米这样细小的工作做好同样也能取得非凡的成就。

职场通关廊 ≫

填一填

1. 请仔细阅读工作任务清单。

任务1：请今天上午10点给我们的客户群发一条节日祝福信息。

任务2：请现在去实训室领取工作任务单一份。

任务3：请准备今天的会议纪要一式5份，交到总经理办公室。

任务4：请于明天上午9点之前到机场接机，对方是到访的客户团。

任务5：请到二楼会议室拿回今天开会的所有纸质资料。

2. 将任务按照时间、地点、内容、要求进行安排。

类别	任务 1	任务 2	任务 3	……
时间				
地点				
内容				
要求				

3. 检查任务清单填写是否完整、正确。

职场心·愿树 ≫

"细心做事，注重细节"，让我们一起努力让自己成为一个注重细节的人，为以后的职场助力！针对自己平时不太仔细、容易犯错的习惯，提出改进措施，写在便利贴上，贴在这棵心愿树上吧！

职场拾贝苑 »

亲爱的同学，请将你在本节课学习、活动中的收获、体会和成长记录下来哦！

收获：_____

_____

体会：_____

_____

成长：_____

_____

专题三　内诚于心　外信于人

图3-1

图3-2

图3-3

图3-4

　　济阳有个商人过河时船沉了，他抓住一根大麻杆大声呼救。有个渔夫闻声而来，商人急忙喊："我是济阳最大的富翁，你若能救我，给你一百两金子。"于是渔夫冒着生命危险救起了他。待被救上岸后，商人却翻脸不认账了。他只给了渔夫十两金子。渔夫责怪他不守信，出尔反尔，众人也感到气愤。商人说："你一个打鱼的，一生都挣不了几个钱，突然得十两金子还不满足吗？"渔夫只得怏怏而去。

　　不料后来那商人又一次在原地翻船了，他大呼救命。那个曾被他骗过的渔夫走过来，对他说："你觉得我会再次相信你吗？"……

——改编自元代刘基创作的《郁离子》中的故事。

孔子说，人而无信，不知其可也。老子说，轻诺必寡信，多易必多难。高尔基说，走正直诚实的生活道路，定会有一个问心无愧的归宿。爱默生说，诚实的人必须对自己守信，他的最后靠山就是真诚。艾琳·卡瑟说，诚实是力量的一种象征，它显示着一个人的高度自重和内心的安全感与尊严感。诚实守信是公民的基本道德素养之一，诚实是取信于人的良策，是立身处世、成就事业的基石。

职场加油站 ≫

▶ 诚实守信的含义

根据《现代汉语词典》，"诚信"意为：诚实，守信。"诚"释义为"真实、诚恳"；"信"释义为"信用、守信"。"诚实"指言行跟内心思想（指好的思想）一致；不虚假。"守信"是指待人处事真诚、老实、讲信誉，一诺千金等，是日常行为的诚实和正式交流的信用的合称。

"诚"与"信"作为伦理规范和道德标准，是为人之道的中心思想，立身处世，当以诚实守信为本。如《说文》："诚，信也。从言，成声。"意谓对待人要诚实讲信用，不搞鬼鬼祟祟的把戏和阴谋诡计。

▶ 诚实守信的价值

诚实守信是做人做事的基本准则，诚实守信是立人之本，人无诚实守信则不立。

立人之本。诚实守信是做人的基本准则，做事先做人，对人守信是做人的基本要求。若不能以诚信取信于人，就很难得到他人的信赖和支持。此外，不诚实守信，言行不一致，口是心非也是一件非常痛苦的事情，要承受很大的心理压力，时间久了，对于自身身心健康也是不利的。

交友之法。诚实守信也是与人交往的基本原则。在与人交往中，双方都不希望被骗，一旦受骗，建立起来的关系也就宣告破裂。朋友是建立在诚实守信的基础上，如果朋友之间充满虚伪、欺骗，那就不是真正的朋友。

立业之根。在工作中常常需要同事之间分工协作，如果不诚实守信，就难以得到同事的信任，也难以展开有效的团队协作。工作中个人的诚实守信往往也代表公司或单位的形象，其影响程度常常超出个人的认识范围，即便是个人工作相当出色，也未必能得到同事的尊重或领导的重用。如果一个企业不讲诚信，将很难在行业立足，就更谈不上长远发展。

▶ 诚实守信的行为表现

诚实。言行跟内心思想一致，真诚不虚假。为人处世之时秉承一颗真诚信实的心灵，内诚于心，待人以诚。尊重事实，不说谎，不作假，讲究实事求是。不欺骗别人，更不自我欺骗。

守信。信守诺言，讲信誉，重信用，承诺了的事情就应该去办，忠实履行自己的职责。言行一致、言必行、行必果、不撒谎、不言过其实、不说一套做一套，不当面一套背后一套。信守承诺，承诺了的事情就一定要去办，而且还要有办事能力，不夸夸其谈，不信口开河，不说大话。

▶ 诚实守信的原则

秉持坚守原则。在现实生活中，做人行事秉持诚实守信，内心保持真诚善良，不论实际情况怎样变化都不改变诚实守信的原则。同时还要学会分辨是非，坚守道义，抵制行业的不诚信利益诱惑以及不诚信行为，使自己走在诚信的轨道之上。

变通应用原则。在尊重事实、实事求是的前提下还要具体问题具体分析。由于客观事实的复杂性，说真话、办实事、守约定还需要审时度势，讲究方式和策略。"心口如一"并不是千篇一律、固定不变的，在生活中要根据实际情况变通应用，要就事论事，不能一概而论，在一些特殊情况下，有时也需要善意的谎言来避免伤害别人，或让自己受到伤害。

职场活动亭 »

谈一谈

1. 阅读"职场启迪堂"的故事，谈谈故事给你的启示有哪些？你认为诚信是什么？诚信对一个人有怎样的意义？你有没有遭遇过诚信危机？

2. 阅读"职场放松屋"的故事，看看企业的诚信主要表现在哪些地方？诚信对于企业的意义是什么？

3. 结合自己的所见所闻，说说你知道的诚信故事，或者分析一下本专业对应的行业存在哪些可能的诚信危机，这些诚信危机带来了怎样的影响？

玩一玩

玩家攻略

1. 主题：口是心非。

2. 准备：每个玩家准备几个询问对方的问题（答案是直接肯定或直接否定的问题类型，即"是"或"否"），部分问题可换一种表达方式反复询问。

3. 规则：

（1）两个同学一组。

（2）第一轮：一个同学按准备的问题提问，另一个同学回答。回答规则：用语言回答"是"的时候，同时用摇头表示"是"；用语言回答"否"的时候，同时用点头表示"否"。

（3）第二轮：交换角色。

4. 分享：

（1）这个活动完成有困难吗？

（2）当动作和语言不一致，也即"口是心非"时，你的感受是什么？

（3）反复追问几次，是否做到了回答的前后一致？对此你有什么感悟？

辩一辩

在日常生活中，你对"心口如一"是怎样理解的？"心口如一"是不是绝对诚信的表现？"口是心非"又是不是绝对不诚信的表现？

情景一：你和你的同学小张看到另一个同学小王打破了实训器材，小王让你和小张帮忙隐瞒。你答应了，也坚守承诺、守口如瓶。但是随后小张将事情如实告诉了老师。

情景二：你的好朋友小明父母离异了，他只把此事告诉了你，并说不想让第三人知道。你当时答应了，但你的另一好友小刚问到此事，你将小明父母离异的信息不小心告知了小刚。

情景三：医生检查病人的时候，发现该病人已经到癌症晚期，几乎不可救，往往会善意地告诉病人："你这个没什么大问题，就是需要休息，回家开开心心地吃喝，不用担心，不久就会好起来的。"而他把真实情况悄悄告诉病人的家属。

辩题1："打破了实训器材就要如实告知老师"or"告知老师就是不讲朋友间的信用"？

辩题2："保守秘密是朋友间的诚实守信"or"大家都是朋友，信息要相通"？

辩题3："医生撒谎，不讲实事求是"or"医者仁心，医德高尚"？

请结合具体情境，以小组为单位选择一个辩题，在小组内表达你的观点，展开辩论吧！

辩论结束后，请将你对于诚信运用原则的新的理解写在下面的横线上，并分享交流：

_____

_____

_____

写一写

1. 践行诚信的路并不一定是一帆风顺的，我们曾经遇到过怎样的困扰，我们又该如何做出更合理的选择，请思考一下并填写在"职场通关廊"的表格中吧。

2. 分享填表后的感悟。

职场放松屋 ≫

◆ 万达诚实守信故事三则

故事一：在 1995 年房地产市场比较困难的时候，万达出台了一个公司政策，总结起来称为"三项承诺"：第一，保证所建的房子不渗不漏，发现一次渗漏赔偿 3 万元；第二，承诺凡是万达销售的房子如果面积短缺，三倍赔偿给客户；第三，客户如果对购买后的房子不满意，可以从交钱到入住的三个月之内随时退换。这样的承诺给万达增加了很多成本。

故事二：有一个比较优秀的乡镇企业，非常注重工程质量，并有一系列成熟的管理办法。于是，万达与该公司召开了一次质量现场会，把全国 200 名负责工程的总经理、副总经理和工程部经理等领导组织在一起，请这家施工企业作经验介绍，然后对他们进行了表彰。此后，万达作了承诺，凡是万达的工程，该公司负责招标，并增加支付他们的工程款，而万达每平方米的造价也提高了 15 个百分点。

故事三：2000 年初万达在沈阳开发的一个商业项目在建筑设计上犯了一个错误，其中有三分之一的产品售给了 300 名业主。随后，由于设计失误，无论采取什么办法商户都不能很好地经营，最后，万达在 2006 年将该项目拆除，并给所有积压货物的商户增加50% 的赔偿。

——改编自《王健林：万达的三则诚信故事》，载《城市开发》，2009（6）。

职场通关廊 ≫

我们都知道什么是诚信，为什么要诚信，但有时候，我们在学习和生活中践行诚信品质的时候，难免会遇到一些困难和矛盾纠结。回忆一下过去自己曾经遇到的矛盾纠结，分析一下这些矛盾纠结是怎么产生的？当初自己是如何选择的？如果再让自己做一次选择，自己该如何去做才是最佳选择？我们不妨从对过去经历之事的理性分析之中，找到明天选择的方法和方向。

	诚信的困扰	困扰产生的原因	我当初的选择	我认为更好的选择
学习中				
生活中				

职场心·愿树 ▶▶

同学们，许多名人都以诚实守信为主题写下了勉励自我、启人深思的名言。请你也以诚实守信为主题，在这个卡片上写下自己的座右铭吧！

职场拾贝苑 ≫

亲爱的同学，请将你在本节课学习、活动中的收获、体会和成长记录下来哦！

收获：_____

_____

体会：_____

_____

成长：_____

_____

职场启迪堂 »

图 4-1

图 4-2

图 4-3

图 4-4

　　有个建筑工人准备退休，他告诉老板，说要离开建筑行业，回家与妻子儿女享受天伦之乐。

　　老板舍不得他的好工人走，问他能否帮忙再建一座房子，建筑工人说可以。但是大家后来都看得出来，他的心已不在工作上，他用的是软料，出的是粗活。房子建好的时候，老板把大门的钥匙递给他。

　　"这是你的房子，"老板说，"我送给你的礼物。"

> 建筑工人震惊得目瞪口呆，羞愧得无地自容。
>
> ——改编自杨晖：《人生哲理枕边书》（最新修订版），北京，北京工业大学出版社，2014。

梁启超说："这个社会尊重那些为它尽到责任的人。"歌德说："责任就是对自己要去做的事情有一种爱。"苏霍姆林斯基说："有良知的人有责任心和事业心。"爱默生说："责任具有至高无上的价值，它是一种伟大的品格，在所有价值中它处于最高的位置。"科尔顿说："人生中只有一种追求，一种至高无上的追求——就是对责任的追求。"车尔尼雪夫斯基说："生命和崇高的责任联系在一起。"为什么如此多的名人歌颂"责任"？为什么故事中的建筑工人会羞愧得无地自容？

职场加油站 ≫

◆ 责任与担当的含义

责任，字面上理解是指职责和任务。《现代汉语词典》中的定义有两个：一是指分内应当做的事；二是指没有做好分内应做的事，因而应当承担的过失。责任包含五个方面的基本内涵：责任意识，是"想干事"；责任能力，是"能干事"；责任行为，是"真干事"；责任制度，是"可干事"；责任成果，是"干成事"。

担当是指接受并负起责任，是一个动词，通常和责任、使命等名词搭配。通常认为，担当有"三重境界"：乐于担当、敢于担当、善于担当。乐于担当体现的是一种先忧后乐的思想情怀，敢于担当体现的是一种迎难而上的责任意识，善于担当体现的是一种有勇有谋的能力素质。

责任担当是一种精神，更是一种品格。不逃避，不推诿，主动承担，积极应对，争取最好的结果。没有担当的人就是一个不负责任的人。

责任担当的主要行为表现

主动承担，积极应对，争取最好的结果，做到"四不"。

不敷衍。无论是对学习还是工作，都认真负责，不为自己找借口，不是尽力而为，而是全力以赴。

不逃避。面对学习或工作中的困难及问题，迎难而上，将其当成成长锻炼的机会。

不推诿。老师或领导交办的任务坚决执行，同学、同事、朋友求助的事情鼎力支持。

不计较。一个集体中，有分工也有合作，有独立的任务也有交叉的职责。责任担当强的人，在力所能及的范围内不计较分内分外事，对临时交办的、额外的事也会认真负责尽全力完成。

个体担当的主要责任

常言道："天地生人，有一人当有一人之业；人生在世，生一日当尽一日之勤。"作为社会人，不可能脱离责任而生存。责任无处不在，存在于每一个角色，无限的角色，无限的组合。父母养儿育女，老师教书育人，医生救死扶伤，工人铺路建桥，军人保家卫国……人在社会中生存，就必然要对自己、对家庭、对集体甚至对祖国承担并履行一定的责任。责任有不同的范畴，如个人责任、家庭责任、职场责任、社会责任等。这些不同范畴的责任，有普遍性的要求，也有特殊性的要求。责任只有轻重之分，而无有无之别。

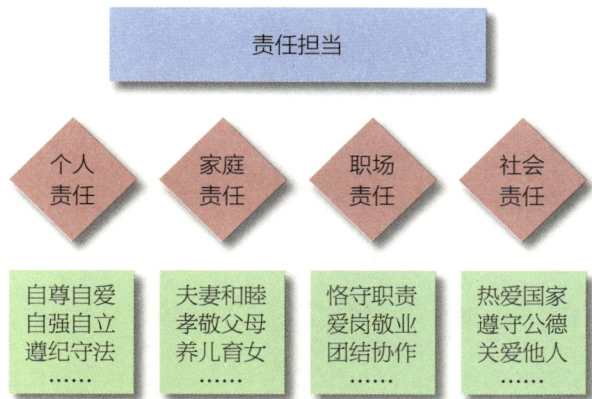

```
                    责任担当

     个人        家庭        职场        社会
     责任        责任        责任        责任

   自尊自爱    夫妻和睦    恪守职责    热爱国家
   自强自立    孝敬父母    爱岗敬业    遵守公德
   遵纪守法    养儿育女    团结协作    关爱他人
     ……        ……        ……        ……
```

图4-5

❖ 责任担当的意义

如果我们能够正确看待责任担当的意义，我们所承担的责任将使我们的生命变得更有意义。

发展的基本条件。以工作为例，工作中需要每一个员工主动承担责任，因为，任何一个老板或领导都不希望自己的员工是一个不负责任的人、没有担当的人。在他们心里，有责任心和担当力的人一定会努力、认真工作，肯于协作，将每一件事都坚持到底，不会中途放弃；有责任心和担当力的人定会按时、按质、按量完成任务，解决问题，能主动处理好分内与分外的相关工作，有人监督与无人监督都能主动承担责任而不是推卸责任。如果推卸责任成了一种习惯，那就会因为害怕承担责任而失去被委以重任的机会。

关系构建的基础。没有一段亲密关系或人际关系是不需要责任担当的，责任担当将有助于我们树立较强的角色意识，担当起不同角色应有的角色使命。当我们对亲人、朋友、同事、领导切实担当起我们应有的责任时，我们将会得到更多的认可和信任，能让我们拥有更稳固、更良好的人际关系，同时也能给他人和自己带来更多的幸福与美好。

生命价值的体现。责任对于每个人来说都是异常重要的存在，"尽力履行你的职责，那你就会立刻知道你的价值。"如果一个人从来不承担任何责任，那他的生命一定是一片狼藉。不负责任也许会让人当下很轻松，可是最后回头看却会发现生命中一片空白，一无所有。责任是我们生命价值的最好体现，勇敢地担负起自己的责任，人生才会充实，生活才有意义。

社会发展的基石。责任是人类社会中的基石，人类的发展离不开责任的影子。很难想象，如果每个人都有以下观点，我们的社会将会怎样："别人不负责，我想负责也负不起来"——无法负责任；"大家都不负责，我一个人负责也白搭"——负责任无用；"别人对我不负责，我对别人负责是犯傻"——负责任吃亏。你不扛枪我不扛枪，谁来保卫国家；你不劳动我不劳动，谁来创造财富；你不担责我不担责，谁来推动社会进步。有收获必有付出，有享受必有奉献，这是生活的法则。我们只有将自己承担的责任先担负起来，才能影响和带动周围的人负责，形成一种人人负责的氛围，才能促进整个社会健康发展。

职场活动亭 »

玩一玩

玩家攻略

1. 主题：报数。

2. 准备：计时器。

3. 规则：

（1）活动采用竞赛的方式进行。

（2）各组从第一个人开始依次报数，报数进行中如有出错，则回到第一个人，从头开始重新报数，直至全组成员都报数完成。（组长不参加报数）

（3）输赢判定标准：整组人报数完成耗时较长者输。

（4）活动中输的一组，接受惩罚。（惩罚方式：出错的组，每位组员 10 个深蹲起，出错的人额外增加 30 个深蹲起，组长额外增加 50 个深蹲起。）

4. 组织：

（1）所有同学分成 A、B 两个组，要求两个组的人数相同。（两组人数如有不同，多出的同学可担任教师助手。）

（2）A、B 两组各推荐一名同学担任裁判，裁判交叉负责。裁判需要计时并认真关注比赛过程，发现报数出错的同学，立即记录下该同学的名字，并引导该组报数从第一个人重新开始。

（3）A、B 两组各产生一位组长。组长可自荐，可推选，可指定。组长要负责组织本组成员努力赢得比赛。

（4）组长在比赛开始前要庄严承诺：愿意为自己的团队负起责任，无论在怎样的情况下都无怨无悔。（如有组长不愿意承诺担责，则重新进行推选组长环节。）

5. 流程：

（1）组织比赛。

（2）实施惩罚。

议一议

1. 在刚才的活动中，对于组员、出错的人、组长所接受的惩罚，你怎么看？

2. 结合活动，你认为什么是责任？什么是担当？（交流后可以到"职场加油站"去看看我们的表达是否准确。）

3. 活动中我们（以及裁判、组长）都为谁担当了责任？大家承担责任时的行为表现是怎样的？你觉得有怎样表现的人算是一个有责任担当的人？（看看是否可以比"职场加油站"里列举的内容更丰富、更准确。）

读一读

1. 阅读"职场启迪堂"的故事，并说一说：

（1）建筑工人为什么震惊得目瞪口呆，羞愧得无地自容？

（2）结合"职场加油站"中"个体担当的主要责任"分析一下，为什么会出现这样的结果？

（3）这样的情况在我们的生活中多吗？为什么会有这样的事呢？讲讲自己看到的实例。

2. 快速阅读"职场放松屋"的故事，说一说他们都是在担当怎样的责任？他们为什么会这样做？你的感悟或启示是什么？

聊一聊

（1）分小组聊一聊：如果每个人都没有责任担当，一切会怎样？

（2）每个小组聊一个场景，如学校、家庭、公司、国家等。

（3）各小组派一个代表总结小组的结论。

如果每个人都没有责任担当，其结果相信我们心中已经非常清楚了吧，所以，责任担当无论对于我们做人、做事，还是对于个人、社会都有重要的价值意义。具体内容请到"职场加油站"去看看吧！

填一填

我们每个人都会有属于自己的责任，在不同的阶段我们的责任重点不同，面对不同的人，我们的责任重点也不同。

那么我们现在和未来主要面临哪些责任？这些责任对我们来说有怎样的意义？我们可以怎么做才能更好地担起这份责任呢？

请到"职场通关廊"去填一填吧！

创一创

参考"职场启迪堂"故事后的名人名言，以责任为主题在"职场心愿树"创作出属于你自己的名言并分享吧！

职场放松屋 >>

80 年后的一封信

武汉市鄱阳街有座名为"景明大楼"的 6 层洋楼，在 1998 年的一天，此楼业主收到了一封来自英国一建筑事务所的信件，信中写道：景明大楼是本事务所于 1917 年设计，设计年限为 80 年，现已到期，如再使用为超期服役，敬请业主注意。

——选自李婷婷，刘欢主编：《体验式职业素质培养教程》，上海，上海交通大学出版社，2016。

2020 年新型冠状病毒抗疫群英谱

用我的生命守护你的生命——致敬抗疫一线的医务人员

在抗击新型冠状病毒感染的肺炎这一场没有硝烟的战斗中，无数医务人员义无反顾地站在最前线。

面对疫情，医护工作者主动请缨、救死扶伤、迎难而上，用他们的行动，让我们看到了白衣战士的无畏、坚韧、奉献与坚守；用他们的生命，守护大众的生命。

"我申请加入抗击'新型冠状病毒感染的肺炎疫情'的战斗中去，贡献我们一份微薄的力量。" 武汉市江夏区人民医院内分泌科 7 名医生、泌尿外科医生汪波、神经内科医师胡珺向组织发出了申请，在请战书上，共同按下了鲜红的手印。

一份份请战书，彰显着白衣战士的无畏。把危险留给自己，用生命守护市民健康。选择了"医生"这份职业，就是选择了奉献，这是医务人员对守护生命的承诺。

厚重的防护隔离服背后是医者的坚守。连续几小时不吃不喝，护目镜中的汗水、脸颊上深深的压痕、干裂的嘴唇是医务工作者最美的样子。

在武汉，数千名医务人员直接投入治疗一线中，在他们的背后，还有更多医务人员在默默地支持他们，随时待命。

在线义诊医生：我们多看一个人，一线医生就能休息一会儿。

新型冠状病毒感染的肺炎疫情造成湖北多家医院资源紧张排队时间长，部分医院及平台均开通线上义诊，为广大疑似新型冠状病毒感染的肺炎患者、轻症居家隔离患者以及普通感冒发热症状患者免费提供在线问诊咨询服务。线上义诊开通以来，数百位来自全国各地的专业医生放弃春节假期，不辞辛苦地守在计算机前，为湖北用户提供免费的健康咨询服务，其中超过 70% 是来自呼吸科和全科的医生。

在线义诊的医生们非常敬业，有的医生趴在电脑前一坐就是 8 小时、10 小时，连吃饭、上厕所的时间都没有。虽然辛苦，但能帮助到湖北居民，也能减轻一线医务人员的压力，他们感到很欣慰，也会互相打气。

4 天 3 夜跨越 300 公里——武汉"95 后"女医生骑车返岗记

这是一张"临时通行证"，从荆州到武汉，距离 300 公里，在车牌号位置写的是"自行车"；这是一段 4 天 3 夜的归程，不分昼夜、风雨兼程，原因只有一个："尽快返回工作岗位"。

甘如意，24 岁，是武汉江夏区金口卫生院范湖分院的医生。甘如意告诉记者，老家在湖北省荆州市公安县斑竹垱镇杨家码头村。2 年前她考到金口中心卫生院范湖分院，成为化验室的一名医生。疫情暴发、武汉"封城"时，她刚刚回到老家休假。

"我们科室只有两人，疫情这么严重，我必须要回去。而且另外一位同事58岁了，他已经连续工作十多天，我回去也能减轻他的压力。"

"现在返回武汉？太危险了！"父母闻讯后不禁为她捏了一把汗，"距武汉300多公里，现在处处交通管制，长途班车也不发了。怎么去？"

"我骑车也要回去，骑一段少一段。"

当2月4日一早她出现在医院大门口时，领导和同事们先是惊讶，后是心痛。"当时膝盖都肿了，疼得不行。"甘如意笑说，"'办法'总比问题多，经历了骑自行车、搭车、步行，但从没想过退缩。"

对话武汉火神山临时医院施工者：脑子里只有两个字——"胜利！"

"治病救人做不来，我来当个'工地尖兵'。"向锋，是高能环境武汉应援小组中的一员，疫情发生后他自愿赴武汉加入了医院建设施工团队。他说："挑战前所未有，为了跑赢时间、战胜疫情，大伙都拼了！"

1月25日，一支由50人组成的疫情应急团队集结，前往新型冠状病毒感染的肺炎疫情重灾区——湖北武汉，向锋是这支队伍中的一员。作为高能环境项目施工管理人员，向锋有着十多年的工作经历，完成的重点施工项目超过20个。

就是这样一个"老手"，谈到这次火神山与雷神山医院施工，他直说工作量大、压力大，时间紧到大伙儿没精力想别的，脑子里只有两个字——"胜利！"。

大年初一，我们团队到了现场就施工，那天工作到次日凌晨，休息了2个多小时后又继续参与建设。现场施工区域多，工作面分散，需要不断对接各个区域相关单位，协调施工，24小时待命。我们团队每个人都在不断地突破着自己的极限，只为了两家医院尽快投入使用，解决更多的病患就医难问题。

记者：此刻你最想对家人和并肩作战的同事们说什么？

向锋：我想对我的爱人和父母说，谢谢你们的支持与理解。有了你们的理解我才能更专心地工作；我想对我的同事们说，我们同生死，共进退。在高质量完成工作的同时，一定要注意身体健康。对自己负责，才是对家人负责，对国家负责。

扔掉个人物品 她从尼泊尔带回 5800 只口罩

1月26日，四川隆昌市第二人民医院公共卫生科的陈雪燕在尼泊尔旅行的时候，得知因为新冠病毒感染的肺炎疫情，单位口罩紧缺的消息，于是当即决定，在尼泊尔购买口罩带回国，并免费送给医院和其他一线工作人员使用。1月30日，为了把5800只口罩带回国，她扔掉了大部分的个人物品，而带回来的口罩，她自己一个都没留，全都捐了。对此，陈雪燕很淡然地说："我觉得换作是谁都能这么做。"

这个小镇免费收留了 100 多位武汉人

"对停留在徐闻急需入住的武汉朋友，请大家指引他们至定点住宿单位免费入住。今晚降温了，外面下着雨呢，让武汉同胞在异乡先解决温饱，才能战瘟疫。"当时，一条来自广东省湛江市徐闻县的通告引起了大家的关注。

通告显示，位于广东省湛江市的徐闻县由于地理位置特殊，这段时间滞留了很多武汉人，家里封城不能返回，其他地方也不允许进入，拿着武汉身份证的他们，大多也被酒店拒之门外。

这几天的徐闻县一直阴雨绵绵，尤其到了晚上，非常寒冷。当地政府为了给武汉人提供帮助，专门将一家酒店拿出来免费让武汉人居住。

"前天晚上没有地方收留我们，听说徐闻县有地方可以为我们提供住宿，感觉绝处逢生。打酒店电话问武汉人可以入住吗？服务员说武汉人可以免费入住，当时一股暖流涌上心头，喜极而泣，立马开车就过去了。"一位入住徐闻县指定酒店的蔡先生告诉记者，"好多地方都不让我们住，绝望中这里给了我们以家一样的温暖。"

四川 55 岁清贫老人捐出全部积蓄抗击疫情

"我从电视上看到一线的医务人员很辛苦，医用物资不够用。我找不到购买物资的渠道，所以我把钱捐给你们，由你们去买，保护好一线的医务人员。"四川绵阳江油55岁的蒋丽君于1月30日向江油市中医医院捐出了自己的全部积蓄2.5万元。蒋丽君的兄弟姐妹听说她的善举后，又一起凑了5000元，凑成了3万元。

蒋丽君是江油市西屏镇四方村的一位普通村民，之前她一直在浙江打工。为了多挣点钱，在浙江打工的日子，白天她在一家银行和一家红酒公司做保洁，晚上则在一家服装厂串拉链。两年前的一场车祸让蒋丽君在浙江住院近 1 个月，车祸后遗症让她失去了打工的能力，回家后的她靠积蓄和偶尔在弟弟工地上煮饭挣钱过日子。

疫情发生后，蒋丽君每天在家中关注着疫情的最新消息，她知道前线医护人员物资紧缺，1 月 30 日，她来到江油市中医医院，表示要将自己还未到期的所有存款 2.5 万元全部捐献出来，用于抗击疫情。因为她没有购买物资的渠道，因此捐款让医院找渠道购买。

——摘选自《一线抗疫群英谱》，人民网，http://society.people.com.cn/GB/369130/431577/431610/indexhtml。引用时有改动。

职场通关廊 ≫

学生阶段，我的主要责任是 _____，充分担当起这个责任，对我的意义是 _____，我应该 _____。

工作阶段，我的主要责任是 _____，充分担当起这个责任，对我的意义是 _____，我应该 _____。

此外，我的主要责任还有 _____，充分担当起这个责任，对我的意义是 _____，我应该 _____。

职场心·愿树 ≫

各位同学，很多名人都以责任为主题写下了勉励自我、启人深思的名言。请你也以责任为主题，写下属于你自己的名言吧！

_____

_____

_____

_____

_____

亲爱的同学，请将你在本节课学习、活动中的收获、体会和成长记录下来哦！

收获：_____

_____

体会：_____

_____

成长：_____

_____

第二单元 >>

历练能力

图 1-1

图 1-2

图 1-3

图 1-4

图 1-5

图 1-6

一个文员早上来到公司，对同事说要写一份月末总结了。可是当打开电脑准备码字时，她发现文字处理软件没安装，于是就准备去下载软件。可是刚想去网上下载，就想起昨天领导的 E-mail 还没回复。这软件没装没法写总结，领导的 E-mail 没回复，可是要被扣工资的，文员决定先去回复邮件。当她点开 QQ 准备打开邮箱时，发现有个同事给她留言让她去二楼一趟，出去旅游给她带了礼物，好奇心驱使她马上就想去二楼看看到底是什么礼物。文员就朝二楼走去，路上经过茶水间，发现茶水间的茶叶用完了，于是她回去取一些茶叶。路上收到主任微信，让她去买几杯咖啡送到会议室……就这样，文员一大早就上班，直到中午，忙了大半天，晕头转向，结果呢？礼物没拿到，E-mail没回复，茶叶没放好，最重要的是，总结也没写。

图1-7

美国心理学家威廉·詹姆斯说，智慧就是懂得"该忽略什么"的技巧，否则，即使每天忙忙碌碌，也会一事无成。把握好"时间"，学会妥善安排日常生活、学习及工作进程，聚焦最重要的事情，是一门关于时间管理的智慧学问。

职场加油站 ▷▷

⊷ 时间的特性

美国著名管理学家德鲁克说，时间是最高贵而有限的资源，时间管理是否得当对个人事业、人生很重要，因为时间有以下特性。

1. 时间的公平性

现在生活的时空中，所有的人每天都只有 24 小时，这对于每一个人都是公平的。如果你把唯一公平的资源忽略了，如何打翻身仗，改变人生？人与人的差别很大程度上在于对待时间的态度，那些金字塔顶的人都是把资源用到了极致的人。

2. 时间的独特性

时间管理的重要性与时间的独特性有关。时间独特性主要有无法存储、无法取代、无法开源、无法复得四个独特性。

3. 时间的珍贵性

富兰克林说时间就是金钱，同样我们的古人也说"一寸光阴一寸金"，以此来形容时间的珍贵。那时间到底有多贵？以一个人一年的收入为例，不同年薪的人一小时或一分钟的价值不同，可以说时间是无价的。

时间管理的含义

很多人以为，时间管理就是管理时间。事实上，时间是不能被管理的，因为可以改变的才能谈得上管理。而从时间的独特性可以知道，时间是固定不变的，非人力可以改变。可以改变的是人自己的思想、行为、习惯。所以，时间管理其实是资源管理，自我行为的管理，提高时间资源的使用效率。时间管理具体表现在以下几个方面：

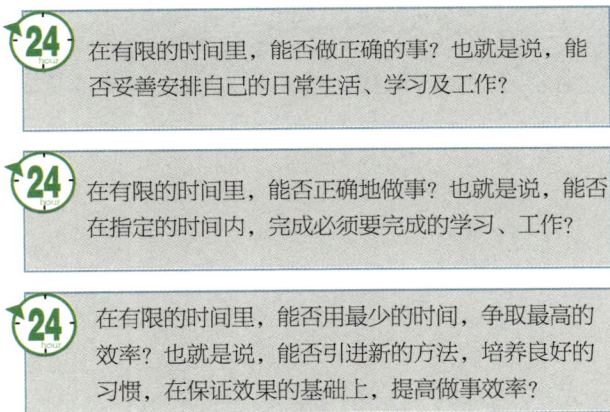

24 在有限的时间里，能否做正确的事？也就是说，能否妥善安排自己的日常生活、学习及工作？

24 在有限的时间里，能否正确地做事？也就是说，能否在指定的时间内，完成必须要完成的学习、工作？

24 在有限的时间里，能否用最少的时间，争取最高的效率？也就是说，能否引进新的方法，培养良好的习惯，在保证效果的基础上，提高做事效率？

图 1-8

时间管理的方法

美国著名管理学家史蒂芬·柯维在他的《要事第一》这本书中提出了时间管理的"四象限法则"，把工作按照重要和紧急两个不同的维度进行了划分，基本上可以分为四个象限，即：重要又紧急、重要不紧急、紧急不重要、不紧急不重要。

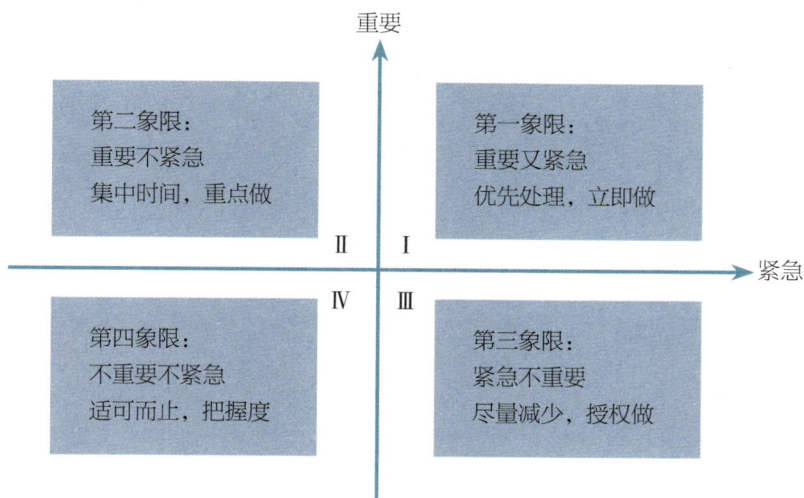

图 1-9

第一象限

这 要上交的作业、重要的考试以及重要的面试等。对这一象限的事情你必须立刻、马上动手去完成。现实生活中，虽然这一象限的事情重要而且紧急，但由于时间原因，人们往往不能做得特别好。

第二象限

这个象限包含的是一些重要而不紧急的事情。这些事情是对你来说很重要，但没有明确的完成期限，或者完成期限比较长的事，不具有时间上的紧迫性，但对落实人生规划、实现人生目标、提高生活品质具有重大影响的事情，换言之就是那些甜头埋在未来，且能构成优势壁垒的事情。这些事情如果能提早准备，常常关切，持之以恒地做下去，可以说是终身获益，特别值得我们去努力。对学生而言，通常包括进行学业和发展的规划、锻炼身体保持健康、培养具有不可替代性的技能或能力、拓展学习和阅读丰富自己、维护良好的人际关系等。现实生活中，这一象限的事情常常被我们忽略和拖延，很少有人自觉主动持续去做，原因就是它们看起来不那么紧急。所以时间管理最重要的其实就是尽量把时间花在第二象限，把有限的时间投入最具收益的第二象限中去，不要花太多时间在第三象限做那些紧急但是不重要的事情。有研究指出，高效人士花在第二象限事情的时间往往占总时间的 65%~80%，花在一、三、四象限的时间分别不高于 25%、15%、1%，由于他们把大部分事情都提前统筹和规划好了，其余象限的工作自然而然就减少了。而普通人的情况刚好相反，因为缺少提前的准备和规划，我们陷入更多的压力，在危机中疲于应付，所以花在第二象限的时间往往只有 15% 左右，而花在第三象限的时间却占到了 50%~60%。所以，对第二象限的事情，需要制订专门的计划，集中时间，重点去做，持之以恒地做，这样才会有更加从容高效的生活。

第三象限

这个象限包含的是那些紧急但不重要的事情。这些事情是对你来说不那么重要，但是好像又要马上做的事。这些事情就是让我们每天都显得特别忙碌，可是一天下来又好像重要的事什么都没做的罪魁祸首，通常包括接打电话、回信息、临时性附和别人期望的事等。这些不重要的事情往往因为紧急又琐碎，会占据人们的很多宝贵时间，所以人们才没有时间去做第一象限和第二象限真正应该去做的事。我们可以尽量减少花在这一象限事情上的时间，也可以授权别人去做。

第四象限

这个象限包含的是那些不重要而且不紧急的事情。这些事情大多是些琐碎的杂事，无关紧要，可做可不做。比如：看无聊的电视节目、玩游戏、刷手机、吃零食等。在做前三个象限事情的空档，可以适当做一些不重要且不紧急的事情来调整自己的身心状态，这对健康和效率是有益的。但时间过多地耗费在这些事情上面，或者沉迷其中，就是在浑浑噩噩消磨时光，于成长和发展无益，所以要把握好度。

职场活动亭 >>

读一读

请阅读"职场启迪堂"的故事，说一说你对这位文员的看法，如果是你，你会怎么做？

算一算

1. 每个人的生命都是有长度的，假设从 20 岁工作，到 60 岁退休，工作时间为 40 年。让我们来算算，这期间大概有多少有效时间去创造价值？

项目	每天耗时（小时）	40 年耗时（年）
睡眠		
一日三餐		
交通		
QQ、微信		
电影、游戏		
聊天、发呆		
刷牙、洗脸、洗澡		
白日梦		
其他		
小计		
有效创造价值的时间		

2. 完成计算后，你有什么感受？

_____

3. 你从中发现了一些时间的特性吗？（可以把你发现的特性和"职场加油站"中的相关内容对照一下）

_____

调一调

时间是公平的，时间是独特的，时间是珍贵的，时间无法开源、无法复得，如果要让我们在一天 24 小时，一年 365 天的有限时间里，"拥有更多"的时间去创造价值，我们可以在现有的基础上如何调整时间的分配？

项目	调整后的耗时（小时）
睡眠	
一日三餐	
交通	
QQ、微信	
电影、游戏	
聊天、发呆	
刷牙、洗脸、洗澡	
白日梦	
其他	
小计	
有效创造价值的时间	

从中你发现时间可以被管理吗？为什么？时间管理的本质是什么？（可以去"职场加油站"获得启示哦）

比一比

1. "职场通关廊"假设了周末一天面临的种种事情，请去安排一下吧。

2. 小组分享每个人的安排及理由，评出每个小组的最佳安排。

本小组最佳安排是：_____

理由是：_____

3. 全班分享每个小组的最佳安排及理由，评出全班最佳安排。

全班最佳安排是：_____

理由是：_____

4. 说一说从最佳安排中都发现了什么样的时间管理方法？

_____

⠿ 估一估

1. 请去"职场加油站"仔细阅读"时间管理的方法",评估一下自己现在每天在四个象限主要有哪些事情?每个象限事情的时间分配比例大概占多少?

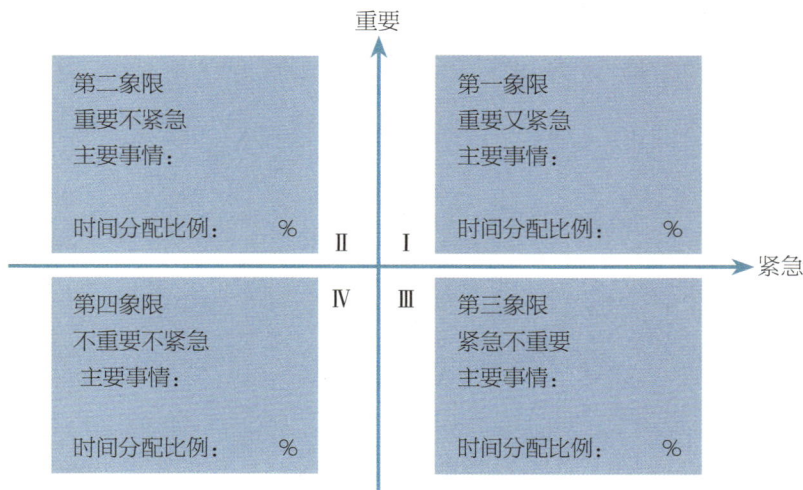

图 1-10

2. 对于这个象限分配,你满意吗?你有什么办法可以让自己进一步成为时间管理的高效人士呢?分享一下你的想法吧。

⠿ 玩一玩

1. 老师为每个同学准备一张代表生命线的纸(纸上有 0~100 岁的刻度),配上舒缓的轻音乐。

2. 请在老师游戏指导语的指导下根据对七个问题的思考,一步步撕下生命线。

3. 分享自己所写的激励话语,或通过游戏获得的感受及启示。

游戏指导语(老师)

◆ 鹅卵石的故事

在一次时间管理的课上，教授在桌子上放了一个装水的罐子。然后又从桌子底下拿出一些正好可以从罐口放进罐子里的鹅卵石。当教授把石块放完后问他的学生道："你们说这罐子是不是满的？"

"是！"所有的学生异口同声地回答说。"真的吗？"教授笑着问。然后再从桌底下拿出一袋碎石子，把碎石子从罐口倒下去，摇一摇，再加一些，再问学生："你们说，这罐子现在是不是满的？"这回他的学生不敢回答得太快。最后班上有位学生怯生生地细声回答道："也许没满。"

"很好！"教授说完后，又从桌子底下拿出一袋沙子，慢慢地倒进罐子里。倒完后，于是再问班上的学生："现在你们再告诉我，这个罐子是满的呢，还是没满？"

"没有满！"全班同学这下学乖了，大家很有信心地回答说。"好极了！"教授再一次称赞这些学生。称赞完后，教授从桌子底下拿出一大瓶水，把水倒在看起来已经被鹅卵石、小碎石、沙子填满了的罐子里。当这些事都做完之后，教授正色地问他班上的同学："我们从上面这些事情得到什么重要的启示？"

班上一阵沉默，然后一位自以为聪明的学生回答说："无论我们的工作多忙，行程排得多满，如果要逼一下的话，还是可以多做些事的。"这位学生回答完后心中很得意地想："这门课到底讲的是时间管理啊！"

教授听到这样的回答后，点了点头，微笑道："答案不错，但并不是我要告诉你们的重要信息。"说到这里，这位教授故意顿住，用眼睛把全班同学都扫了一遍说："我想告诉各位的最重要信息是，如果你不先将大的鹅卵石放进罐子里去，你也许以后永远没机会再把它们放进去了。"

所以，对于学习工作中林林总总的事件，可以按重要性和紧急性的不同组合确定处理的先后顺序，做到鹅卵石、碎石子、沙子、水都能放到罐子里去。

我们永远没有时间做所有的事情，但永远有时间做对的事情！

——陈晓桃：《玻璃瓶里的鹅卵石》，合肥，安徽美术出版社，2012。引用时有改动。

职场通关廊 >>

假设明天是星期天，现在有这些事情等着你安排，你会做出怎样的安排呢？

A. 从昨天早晨开始牙疼，想去看医生

B. 好几天没跟家人联系了，要打个电话

C. 班主任要求写一份期中总结，周一交

D. 没有干净的内衣，一大堆脏衣服没有洗

E. 上午有一个对未来工作很有帮助的培训

F. 上午朋友约组队打游戏

G. 上午有一个兼职要面试

请把你的安排在下面横线上写下来（写序号即可）：

上午：_____

下午：_____

晚上：_____

请问你为什么这样安排？ _____。

时间管理管理的不仅仅是时间，其实还有精力、欲望、目标乃至你的人生选择。时间管理的实质并不是说可以通过管理让时间过得快或者慢，而是自我管理，重要内容就是利用有限的时间对事件做出科学的规划、安排、分配。

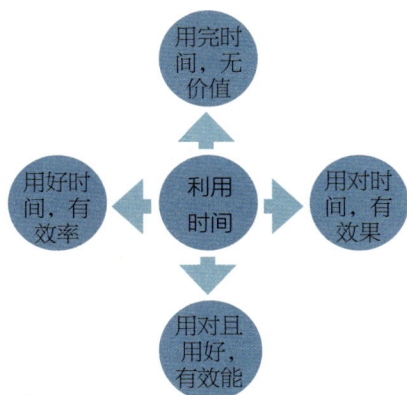

用完时间，无价值

用好时间，有效率　←　利用时间　→　用对时间，有效果

用对且用好，有效能

图1-11

职场心·愿树 ≫

　　亲爱的同学，通过上面的学习相信你对"时间管理"有了一定的了解，写下你认为最完美、最有意义的一天的时间安排吧！

职场拾贝苑 >>

亲爱的同学，请将你在本节课学习、活动中的收获、体会和成长记录下来哦！

收获：_____

_____

体会：_____

_____

成长：_____

_____

职场启迪堂

图 2-1

图 2-2

图 2-3

图 2-4

　　有一家效益不错的大公司，为扩大经营规模，决定高薪招聘营销主管。广告一打出来，报名者云集。面对众多应聘者，招聘工作的负责人说："相马不如赛马，为了能选拔出高素质的人才，我们出一道实践性的试题：就是想办法把市梳尽量多地卖给和尚。"绝大多数应聘者感到困惑不解，甚至愤怒：出家人要市梳何用？这不明摆着拿人开涮吗？于是纷纷拂袖而去，最后只剩下三个应聘者：甲、乙、丙。负责人交代：以十日为限，届时向我汇报销售成果。

十日到。负责人问甲："卖出多少把？"答："1把。""怎么卖的？"甲讲述了历尽的辛苦，游说和尚应当买把梳子，无甚效果，还惨遭和尚的责骂，好在下山途中遇到一个小和尚一边晒太阳，一边使劲挠着头皮。甲灵机一动，递上市梳，小和尚用后满心欢喜，于是买下一把。

负责人问乙："卖出多少把？"答："10把。""怎么卖的？"乙说他去了一座名山古寺，由于山高风大，进香者的头发都被吹乱了，他找到寺院的住持说："蓬头垢面是对佛的不敬。应在每座庙的香案前放把市梳，供善男信女梳理鬓发。"住持采纳了他的建议，那山有十座庙，于是买下了10把市梳。

负责人问丙："卖出多少把？"答："1000把。"负责人惊问："怎么卖的？"丙说他到一个颇具盛名、香火极旺的深山宝刹，朝圣者、施主络绎不绝。丙对住持说："凡来进香参观者，多有一颗虔诚之心，宝刹应有所回赠，以作纪念，保佑其平安吉祥，鼓励其多做善事。我有一批市梳，你的书法超群，可刻上'积善梳'三个字，便可作赠品。"住持大喜，立即买下1000把市梳。得到"积善梳"的施主与香客也很是高兴，一传十、十传百，朝圣者更多，香火更旺。

故事中的丙从对方立场出发，围绕目标，选择双方共赢的方式与寺庙住持进行了有效沟通，取得了销售的成功。如果你也想成为像丙一样的沟通高手，赶紧来开启愉快的沟通学习之旅吧。

——蒋光宇：《把木梳卖给和尚》，哈尔滨，北方文艺出版社，2006。

职场加油站 >>

▶ 沟通的含义

沟通是人们分享信息、思想和情感的过程。这个过程不仅包含口头语言和书面语言，而且包含形体语言、个人的习气和表达方式、物质环境等。它是一门学问，更是一门艺术。

▶ 沟通的类型

依据不同的划分标准，可以把沟通分为不同的类型。

按照沟通的模式，可分为语言沟通和肢体语言沟通，语言沟通又包括书面沟通与口头沟通；按照沟通功能可分为情感沟通和工具沟通；按照沟通渠道可分为正式沟通和非正式沟通；按照沟通方向可分为上行沟通、下行沟通、平行沟通；按照沟通是否存在反馈可分为单向沟通和双向沟通；按照沟通效果可分为有效沟通和无效沟通。

其实无论是哪种方式的沟通，最终目的都是将可理解的信息或思想准确地传递或交换，并从中激励或影响他人的思想行为。

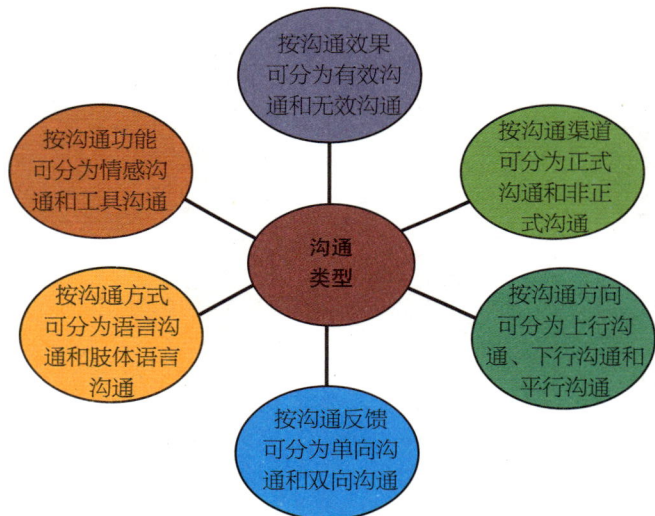

图 2-5

▶ 有效沟通的方法

现代社会处于信息高速发展的时代，也是一个沟通的时代。通过沟通，竞争对手可能成为合作伙伴，陌生人可能成为知心好友，干戈可能瞬间化为玉帛。所有沟通目标的达成都需要通过有效的沟通方法来实现。

1. 取得信任是基础

信任是人与人之间沟通的第一要素。只有双方致力营造和谐氛围，相互信任，谈话者才愿意真诚地讲述问题，才有可能达成一致意见，有效解决问题。如果沟通双方缺乏信任，这样的沟通往往是无效的。

2. 主题明确是关键

明确了主题，才能保证沟通有意义。正如著名企业家葛洛夫所说，有效的沟通取决于沟通者对所议题材的充分掌握，而非措辞的优美。所以每一次的沟通，无论出于何种任务的需要，都要有一个明确的主题或目的，只有这样才能通过沟通达到预期的效果，或实现既定的目标。

3. 方式恰当是桥梁

受到自身的经历、认知水平等因素影响，不同的人对相同的信息会做出不同的理解。针对不同的对象，以对方能够理解的沟通方式表达沟通的重点，这样的沟通效果才会更好。要提高沟通速度，可采用口头交流和非正式的沟通；要获得及时反馈，可采用面对面交谈；要取得最佳接收效果，正式书面通知肯定是最佳选择。

4. 善于倾听是催化剂

沟通是从倾听开始的，听是说的前提，说只是听后对内容反思的结果。倾听既是准确把握对方需求的重要途径，也是表示尊重的最好方式。在倾听过程中，可以使用目光接触，感知对方的心理和情绪变化；可以展现赞许性点头和恰当的面部表情，复述对方所说的内容，表现出倾听兴趣。善于倾听有利于抓住沟通重点，是有效沟通的催化剂，也是智者的表现。

图 2-6

◆ 有效沟通的意义

有效沟通指在一定的时间和场合，为了既定目的，借助某种方式传递信息，表达思想和感情，能被人正确理解和执行并达到某种效果的过程。善交流、会沟通，是畅通信息、打开心扉、建立信任的"连心桥"；是凝聚共识、激发动力的"催化剂"；是获取效益、成长进步的"金钥匙"。

1. 有效沟通是传递和获得信息的重要途径

信息的采集、传送、整理、交换，无一不是沟通的过程。通过沟通，交换有意义、有价值的各种信息，生活中的大小事务才得以开展。掌握科学的沟通技巧、了解如何有效地传递信息，能提高人的办事效率，而积极地获取信息更会提高人的竞争优势。良好的沟通可以帮助我们一直保持注意力，随时抓住内容重点，找出所需要的重要信息。

2. 有效沟通是改善人际关系的重要工具

社会是由人们互相沟通所维持的关系组成的网，人们相互交流是因为需要同周围的社会环境相联系。沟通与人际关系两者相互促进、相互影响。有效的沟通可以赢得和谐的人际关系，而和谐的人际关系又会使沟通更加顺畅。相反，人际关系不良会使沟通难以开展，而不恰当的沟通又会使人际关系变得更差。

3. 有效沟通是达成共识、化解矛盾的重要方法

美国沃尔玛公司创始人山姆 · 沃尔顿曾说过："如果必须将沃尔玛管理体制浓缩成一种思想，那可能就是沟通，因为它是我们成功的真正关键之一。"沟通在企业管理中有着非常重要的地位，就像是人体里的血液，联系着各个部门，让每个部门都能协调运行。让员工们了解公司业务进展情况，与员工共享信息，是让员工最大限度地干好本职工作的重要途径，是现代企业凝聚员工共识、化解管理矛盾的重要方法。

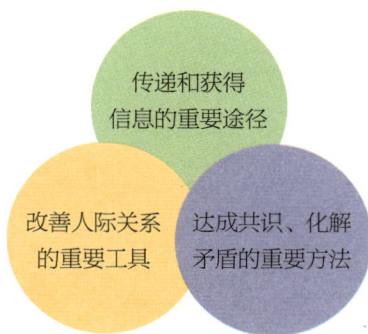

传递和获得
信息的重要途径

改善人际关系
的重要工具

达成共识、化解
矛盾的重要方法

图 2-7

职场活动亭 ➤➤

读一读

阅读"职场启迪堂"故事《把梳子卖给和尚》，说说为什么丙能够很好地实现自己的营销目标？

玩一玩

游戏名称：默契搭档。

游戏准备：若干词语。

游戏规则：两名同学，一名表达（正对屏幕）、一名猜词（背对屏幕），表达的同学不能说与屏幕上词语同音的字，在1分钟时间内猜出词语最多的小组获胜。

游戏分享：

1. 获胜小组成功的"秘诀"是什么？

2. 没有获胜的小组失败的原因是什么？

3. 成功与失败的核心差异体现在哪里？

4. 如果想要在游戏中更成功，你能总结出一份更全面的沟通秘诀吗？

帮一帮

帮帮情境：有一对好朋友李玲和张菲，李玲喜欢摸张菲的头以示亲昵，张菲却不喜欢这种方式，但不知道怎么跟李玲表达。有一次张菲说了"不要再摸我的头"，可李玲觉得这只是在开玩笑，所以继续用这种方式跟她打招呼。慢慢地，张菲越来越疏远李玲，她们的关系开始出现裂痕。

帮帮方式：小组合作讨论。

帮帮内容：

1. 两个好朋友关系出现裂痕的原因有哪些？

2. 如果你是张菲，应该如何清楚地表达讨厌"摸头"这种亲昵行为而又不伤害李玲？表达的时候有哪些注意事项呢？

3. 如果你是李玲，当知道对方不喜欢这种表达方式时，你会怎么做？会如何表达你的歉意？表达的时候有哪些注意事项呢？

分享：

1. 故事中的李玲没有倾听到张菲的诉求而导致友谊出现裂痕。请分享一件发生在自己身上因没有倾听到对方诉求而造成遗憾的事情。

2. 分享自己在刚才的故事中获得的启示和收获。

3. 沟通对我们有怎样的价值和意义？怎样才能更好地做到有效沟通？

从李玲和张菲的故事中，我们感受了沟通的重要，有效的沟通能化干戈为玉帛，无效的沟通不仅不能达成目的，而且还会适得其反。我们在生活中一定要听清对方的诉求，选择恰当的方式，从对方角度出发，围绕目的进行积极有效的沟通来建立信任，打开心扉，搭起有效沟通的连心桥。

说一说

阅读"职场放松屋"中的故事，回答下面的问题：

1. 桑格先生分享的成功秘诀是什么？

2. 桑格先生的沟通方法给你带来了什么启示？

闯一闯

1. 完成"职场通关廊"中的小测试。

2. 结合测试结果和课上感悟，反思并分享自己沟通中的优点和还需要改进的地方。

3. 课后运用所学知识，选择父母或同学等进行一次沟通，记录下他（她）的反馈和你的感受。

两次获得诺贝尔奖的桑格

一个人一生能获一次诺贝尔奖就可谓功成名就，不虚度此生了。能两次获得诺贝尔奖的人简直是凤毛麟角，而两次获得诺贝尔化学奖的，到目前为止，仅英国生物化学家桑格一人。他是由于发现胰岛素分子结构和确定核酸的碱基排列顺序及结构而获得1958年和1980年的诺贝尔化学奖的。

在谈到自己成功的秘诀时，桑格说："是善于和别人沟通，使我开阔了眼界和思路，最大限度地吸收了别人的智慧，才使我有如此荣耀。"

桑格是英国剑桥大学教授，古老的剑桥学府有喝下午茶的习俗，教授们聚集在一起，边品茶边沟通交流，他们的思想往往会在这时撞击出火花。桑格教授是他们中间最活跃的一个，他总是将自己在研究中遇到的困难和问题向大家公开，请大家提思路和建议。他第一次成功地测定出胰岛素的一级分子结构，就是得益于大家的智慧，这使他获得了1958年的诺贝尔化学奖。之后他又开始了对核酸的碱基排列顺序及结构的研究，这一次，他仍然不搞闭门研究，而是将课题公开，让大家"会诊"。很多次，在喝下午茶的时候，茶室内所有人的注意力都集中到桑格的话题上来，为他献计献策。

物理系一位教授向他建议："用物理的方法来测核酸结构吧，没准能有大突破。"这时一位生物系的教授说："荧光染色方法也可用啊，革兰氏染色，还有富尔根染色，染色后都能见到细胞核的核质。这样，测定DNA的核苷酸序列可能会容易些。"一位研究英国古典文学的教授也凑过来说："你闭上眼睛，我将你催眠，在梦中，你问题的答案自然就会到来了⋯⋯"

大家就这样你一言我一语，天马行空，漫无边际，思想跳跃着、碰撞着，灵感的火花不时闪现。桑格教授专注地倾听着、捕捉着，觉得谁的建议中有一点可取之处，就抓住不放，专门找这人深谈，一点点地沟通。很多次，他都和人交谈到很晚，之后就请大家吃晚餐。所以，有人就开他的玩笑，说他用晚餐换大家的智慧。人们特别喜欢桑格，说他是沟通的高手，他不仅吸收大家的智慧，而且也给予别人智慧，他经常给别人提出很有见解的建议，使之受益匪浅。而且，他总是最先提出沟通的话题，激发大家的兴趣，在沟通中撞击出灵感的火花。

沟通使桑格教授的思路越来越清晰，笼罩在头脑中的迷雾渐渐淡去，逐步接近问题的核心。他参照大家的建议，制订了实验方案，进行了一次又一次的实验，最后，终于确定了核酸的碱基排列顺序和结构。1980年，他第二次获得了诺贝尔化学奖。

接着就是蜂拥而来向他表示祝贺的官员和采访的媒体，面对巨大的荣誉，桑格教授一再说："荣誉属于剑桥，荣誉属于大家，是剑桥的下午茶给我提供了沟通的环境，是大家的智慧点亮了我心中的火花，才使荣耀的光环第二次落到了我的头上。"

——摘自蔡景仙：《让你学会与人沟通的168个故事》，呼和浩特，内蒙古人民出版社，2008。引用时有改动。

■ 职场通关廊 »

1. 扫描二维码完成沟通能力小测试。
2. 请计算出你的测试分数并参考测试答案。

沟通能力小测试

（肖胜阳：《中职生职业素养能力训练》，北京，高等教育出版社，2013。）

职场心·愿树 ≫

亲爱的同学，通过对以上内容的学习，在日常的学习生活中你将从哪几个方面来提升你的沟通能力，以期更好地适应未来发展的需要呢？

职场拾贝苑 ≫

亲爱的同学，请将你在本节课学习、活动中的收获、体会和成长记录下来哦！

收获：＿＿＿＿＿＿＿＿＿＿＿＿＿＿＿＿＿＿＿＿＿＿＿＿＿＿＿＿

＿＿＿＿＿＿＿＿＿＿＿＿＿＿＿＿＿＿＿＿＿＿＿＿＿＿＿＿＿＿

体会：＿＿＿＿＿＿＿＿＿＿＿＿＿＿＿＿＿＿＿＿＿＿＿＿＿＿＿＿

＿＿＿＿＿＿＿＿＿＿＿＿＿＿＿＿＿＿＿＿＿＿＿＿＿＿＿＿＿＿

成长：＿＿＿＿＿＿＿＿＿＿＿＿＿＿＿＿＿＿＿＿＿＿＿＿＿＿＿＿

＿＿＿＿＿＿＿＿＿＿＿＿＿＿＿＿＿＿＿＿＿＿＿＿＿＿＿＿＿＿

职场启迪堂 »

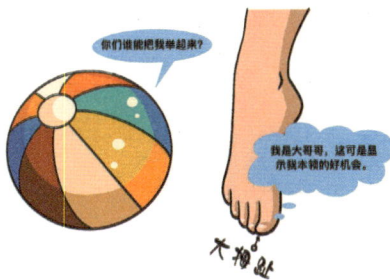

图 3-1

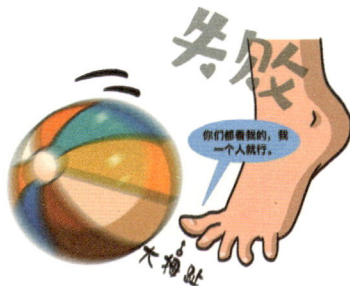

图 3-2

图 3-3

图 3-4

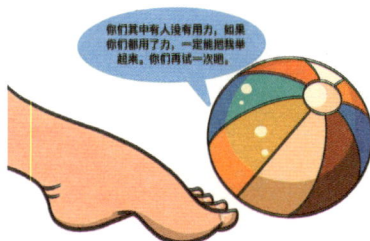

图 3-5

图 3-6

图 3-7

图 3-8

夜深人静，工作了一天的人们都睡熟了，五趾兄弟却开始了他们的对话。他们各自吹嘘着自己的本领和长处。

这时，一只大皮球滚到了他们的面前说："你们谁能把我举起来？"大拇趾想：我是大哥哥，这可是显示我本领的好机会。于是，抢上一步说："你们都看我的，我一个人就行。"他麻利地钻到大皮球下面，一抬身，大皮球就跑了。他不甘心，试了好几次，累得满身大汗，仍没有把大皮球举起来。食趾走上前去，试了试，也不行。中趾说："我最长，我的本领也最大，看我的。"他也试了几次，还是不行。

大皮球笑了笑说："不行吧，你们一起用力，试试看行不行吧。"五趾兄弟点了点头，答应了大皮球的建议。大拇趾想：就是举起来也是大家的功劳，又显不出我的本事，我才不费劲呢。中趾想：小趾有什么本领，举起来还算他一份，我可不愿意。这时，大皮球喊道："一、二、三，举！"大拇趾装作一副懒洋洋的样子，轻轻碰了碰大皮球，中趾也漫不经心地碰了碰大皮球，食趾、无名趾和小趾虽然尽了力，但仍没有把大皮球举起来。

大皮球说："你们其中有人没有用力，如果你们都用了力，一定能把我举起来。你们再试一次吧。"这次，五趾兄弟一起用力，轻轻地就把大皮球举了起来。大皮球说："道理很简单，只要团结一心，劲儿往一块儿使，办什么样的事都很简单。"五趾兄弟听了大皮球的话，都惭愧地低下了头。

——选自张志超：《80、90职场晋升之道——你从未想过的职场自我营销技巧》，北京，中国财富出版社，2015。

一滴水只有投身于大海才不会干涸，一粒沙只有跻身于沙滩才不会被吹散，一只雁只有排列于雁队才能飞得更高更远，一个成员只有融入团队才能最大限度地发挥个人作用。

❖ 团队合作的定义

团队合作是两个或者两个以上的人组成团队，并为了实现一个共同的目标相互支持、合作奋斗的过程。其中团队是指为了实现某个目标而由相互协作的个体所组成的正式群体，是由领导者和成员共同组成的一个团体。

❖ 团队合作的意义

一滴水要想永不干涸，最好的办法就是把它放入大海；再小的个体只要团结起来，也是一股强大的力量。

1. 有利于高效解决问题

团队合作是成员齐心协力拧成一股绳，朝着一个目标努力的过程。团队中的成员在合作时各抒己见，智慧共享，群策群力，分工协作，有助于快速、高效地解决问题。

2. 有利于激发学习动力

团队合作需要靠成员各显其能才能解决问题，优秀的成员树立了良好的榜样，能够激发其他成员的潜在能力和学习动力。这种良性的竞争可以激励成员自觉进步，力争获得大家的认可和尊重。

3. 有利于实现自我价值

在达成目标的过程中，团队内形成一个小型的互助网络，每个人都是重要和必要的，都可以根据自己的特点在团队中发挥独特的价值。而且团队中的成员，在受到挫折时可以有人安慰，遇到困难时可以有人帮助，成员能在和谐的团队中获得归属感，获得自信心，更有利于自我实现。

4. 有利于取得更好结果

团队合作的意义不仅在于"人多好办事"，而且它产生了强大的凝聚力和智慧碰撞，能形成 1+1>2 的效应，能完成个人无法完成的任务，获得个人无法取得的成就。

❯❯ 有效团队合作的典型特征

团队合作需要在团队的基础上，成员发挥团队精神、互补互助以达到最高的工作效率和良好的完成效果，这样才是有效的团队合作。

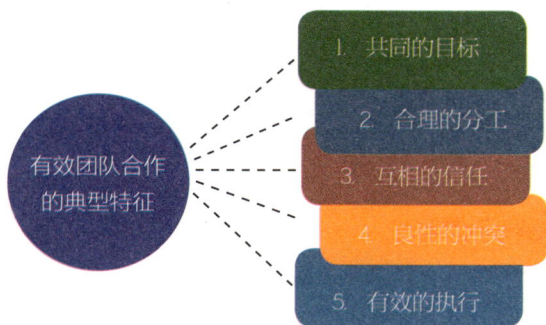

有效团队合作
的典型特征

1. 共同的目标
2. 合理的分工
3. 互相的信任
4. 良性的冲突
5. 有效的执行

图3-9

❯❯ 有效团队合作的实现方法

形成一支优秀、有效的团队，是所有团队的目标追求，也是对团队成员的实际挑战，需要每个人都积极参与其中。作为团队成员，应如何做才能促进团队实现有效的合作呢？

1. 与团队树立共同的目标

这是实现有效团队合作的基础，要求成员不但清楚团队目标，还具有统一的价值观，有强烈的意愿和使命感去实现这一目标，主观上完成从"要我做"到"我要做"的转变。

2. 对团队产生极强的归属感

成员要对自己所在的团队有很强的认同感和归属感，每个成员都能强烈地感受到自己是团队的一分子，对团队取得的业绩表现出荣誉感，对团队的成功表现出自豪，对团队所处的困境表现出忧虑，这样才能产生精诚合作的凝聚力，做到齐心协力去共同克服困难。

3. 服从团队的领导和安排

无论多么宏伟、严谨的计划，如果成员总是将自己的利益放在首位，结果与预期将大相径庭。每个团队成员需要以实现团队的整体利益为前提，去服从团队的安排，义不容辞地承担责任，毫无怨言地充分、主动执行方案。

4. 和成员保持融洽的关系

在团队合作时难免与他人产生分歧，要想获得别人的认可，首先应该学会认可他人。团队成员间互相信任与尊重，彼此支持和信赖，乐于沟通和分享是维持良好融洽人际关系的关键。只要充分尊重他人，即使在合作中出现冲突也能及时解决，且团队中需要有良性的冲突，这样才能更好地拓展思路，促进问题解决和团队发展。

职场活动亭 ≫

说一说

1. 阅读"职场启迪堂"中五趾兄弟的故事，说说：

（1）故事带来怎样的启示？

（2）在生活和学习中，遇到过哪些自己一个人无法独立完成的事情？这些事情是否最终得到解决？如果最终得到解决，是怎样解决的？

2. 请去"职场放松屋"中看看丁丽的实习经历，说说：

（1）丁丽在工作中遇到了怎样的问题，又是如何解决问题的？

（2）从丁丽的经历中你获得什么启示？

（3）你觉得为什么要进行团队合作？ 团队合作对我们的学习、生活有哪些价值和意义？

玩一玩

活动名称：齐眉棍。

活动准备：

1. 全班按每组8~10人进行分组，各组人数均等；

2. 各组选出一位同学，担任其他组的裁判员；

3. 每组准备一根2~3米的轻质细长棍（材质不限）、一块秒表；

4. 一片开阔的空地作为活动地点。

获胜标准：按规则将齐眉棍抬到指定高度，用时最短的团队获胜。

活动规则：

1. 每组的小组成员站成相对的两列或并排的一列，然后蹲下。每人将右手握拳，拳心向左，伸出食指，并使食指与地面平行。

2. 裁判员将细长棍放在每个人食指的第二个指关节上，保证每个人的食指都接触到棍子，并且手都放在棍子的下面。

3. 当听到"开始"的指令后，裁判员开始计时。所有人在保证食指不离开棍子的情况下，将棍子保持水平方向往上抬，交流时只能说两个口令："起""停"。当棍子抬到其中一位成员的眉毛高度时，全员报告"挑战成功"，裁判员停止计时。

4. 在活动过程中，请裁判员监督和记录，出现以下情况必须请该组回到起点高度重新开始：

（1）棍子未保持水平方向上升；

（2）组内有人食指离开棍子，或平举棍子时拳心未向左；

（3）参与者将手指相勾、压在棍子上方或放在虎口处；

（4）用除"起""停"以外的词语交流。

5. 各组应在5分钟内举起齐眉棍，5分钟后仍未抬到指定高度的小组为挑战失败。

6. 活动开始前，每组有5分钟的"协调时间"进行讨论和练习。

活动分享：

1. 你的团队排名是第 _____ 名，完成用时为 _____。

2. 在"协调时间"里，你的团队为完成活动，做了哪些努力？

3. 活动过程中，你们遇到了什么困难？你是否想过放弃，为什么？如果曾想放弃，为什么又坚持完成活动？

4. 活动过程中，你的团队中谁负责发出口令？你能清楚地接收到口令吗？你是否能按照口令活动呢？你觉得口令对完成活动有帮助吗？为什么？

5. 你的团队内是否产生了争执？如果有，是为什么而争执？最后是如何解决的？这样的争执对解决问题有帮助吗？为什么？

6. 你对这次的团队合作满意吗？为什么？如果再进行一次挑战，你会在哪些方面做得更好？

7. 你觉得这个活动成功的关键是什么？

8. 通过这个活动，你总结出怎样做才能实现团队的有效合作呢？

9. 为了实现团队的有效合作，需要你自己为团队做出哪些努力呢？

"齐眉棍"看似简单，做起来却有难度。如何才能更好地完成活动任务呢？请去"职场加油站"中寻找答案吧。

读一读

阅读"职场通关廊"故事，思考并回答故事后的问题。

写一写

亲爱的同学，在团队需要你时，你会如何为团队做出自己的贡献呢？请去"职场心愿树"写下你的想法并分享吧。

职场放松屋

丁丽是一名优秀的中职学生，在学校里，她因为出色的表现曾多次获得荣誉。在以优异的成绩进入一家国内知名企业实习时，丁丽显得很自豪。

在实习岗位上，丁丽展示了出色的能力。在完成集体项目时，好几次她都提供了很有价值的意见，帮助团队解决难题，连领导也对她赞赏有加。渐渐地，她觉得自己比同部门的其他员工都出色很多，大家总是依靠她才完成工作。于是，骄傲的丁丽常不耐烦地回应同事的交流，甚至有一次面对领导也出言不逊。

一个月过后，丁丽发现了一个问题：同事们都不配合她的工作，尽管每天都很累，但她的工作效率却越来越低。自尊心极强的丁丽满怀委屈，找到了班主任老师倾吐心事。老师听了她的烦恼，笑着说："一根筷子容易折，一把筷子难折断。你与同事间的相互合作，是公司发展的基础和动力，只有每个人都朝着一个方向努力，才能获得1+1>2的效果。"丁丽若有所思地点点头。

回到实习单位后，丁丽态度180°大转变：接到领导布置的工作任务，认真积极完成，主动找到其他同事沟通交流，和大家一起解决工作上的难题。遇到别人有困难时，丁丽也会尽自己所能主动去帮助他们。

慢慢地，即使丁丽在工作中碰到了难以解决的问题，也有其他同事挺身而出来帮助她。她所在部门同事间的关系越来越融洽，大家在吃饭时都在谈论如何解决任务中的难题。在一次重要的跨国合作项目中，丁丽和同事们在领导的指挥下出色地完成了任务，连公司的张总都对她们部门这次取得的成绩赞不绝口。半年以后，丁丽也如愿以偿地留在这家企业，成为正式员工。

职场通关廊 ≫

《西游记》中的唐僧师徒四人返回大唐后，皇帝李世民为他们举办了热闹的庆功宴。宴会上，李世民好奇地问唐僧："去西天取经的队伍有很多，但是最后都未能取得真经。为什么只有你们师徒四人成功了呢？你可有什么取经的秘诀吗？"唐僧缓缓地回答："我有的就是持之以恒的信念，徒儿们和我心中都只有一个念头：未得真经不返程！我就不信我们取不到真经。"

李世民若有所思地点点头，望向孙悟空："作为本领最大的大徒弟，你怎么不自己独自去取经呢？"孙悟空眨眨眼说："我虽乃上天入地的齐天大圣，但这一路走来，师父对我悉心指导，师弟对我理解宽容。我们四人缺一不可，艰难险阻、成功快乐都要一起面对。你看，取得真经大家多自豪，他们开心我也开心！"

猪八戒听了猴哥的话，乐呵呵地笑，李世民问他："你除了化斋，就是插科打诨，你怎么能成功？"猪八戒说："我是团队的开心果，就算大家出现矛盾，有我老猪做和事佬去调节气氛，促进师徒之间的团结。大家和和睦睦地解决问题，想不成功都难。"

最后李世民望着沙僧："你这么憨厚、老实，看起来普普通通，怎么也能成功？"沙僧嘿嘿一笑："我没什么了不得的本领，可是我相信师父和师兄们，我最听话，还勤快，后勤工作我负责得井井有条，喊我干啥我就干啥！"

李世民听了师徒四人的话，不由得哈哈大笑："小成功靠个人，大成功靠团队。这样的师徒团队，岂有不成功之理。"

（原创故事）

1. 去西天取经的队伍中，为什么只有唐僧师徒最终取得真经呢？

2. 对于能最终取得真经的原因，唐僧师徒都各有说法，他们都是怎么说的？从他们的回答中，你有什么启示和发现？

3. 请结合"职场加油站"的内容，说说唐僧团队取得成功的秘诀是什么？

职场心·愿树 ≫

请结合你在学习和生活中的团队合作经历（如学习小组、参与大扫除等），想想怎么做才能更好地为团队做出贡献？请把你的想法写在下面吧。

职场拾贝苑 》

亲爱的同学，请将你在本节课学习、活动中的收获、体会和成长记录下来哦！

收获：_____

_____

体会：_____

_____

成长：_____

_____

职场启迪堂 »

图 4-1

图 4-2

图 4-3

图 4-4

　　林小姐毕业于某大学，形象气质很好，很快就找到一份不错的工作。

　　一天，老板派她到某大学去送材料，要分别送到三个地方，结果她只去了一个地方就回来了。老板问她为什么不能完成任务，她说："大学太大了，我问了好几次门卫，才找到一个地方。"

　　老板一听十分不悦，"这三个地方都在大学里面，你找了一个下午，怎么只找到一个？"

"我真的去了，不信你去问门卫？我对那里不熟悉，要不您派个熟悉路线的人去吧。"她辩解说。

老板更加生气了："你做每一件事情，难道都要我去核实？你不熟悉路线，别人就熟悉？遇到问题不想办法解决，理由倒不少！"

其他同事好心地帮她出主意……

谁知这位林小姐嘴角一撇，根本不理会同事的好心，反而气鼓鼓地说："反正我已经尽力了……"

试用期还没过，林小姐就被老板辞退了。

"问题"总是不断地出现在我们的周围，面对客观存在的"问题"，推卸责任可能使"问题"更严重，我们只能正视问题，把握规律，想方设法解决问题。

——选自李尚隆：《问题就是机会》，北京，机械工业出版社，2009。

职场加油站 ≫

◦ 问题解决的含义及基本特点

问题解决是指个人应用一系列的认知操作，从问题的起始状态到达目标状态的过程。问题解决有下面几个基本特点：

目的性。问题解决具有明确的目的性，它总是要达到某个特定的目标状态。没有明确目的指向的心理活动，比如漫无目的的幻想，则不能称为问题解决。

认知性。问题解决是通过内在的心理加工实现的，自动化的操作比如走路、穿衣等虽然也有一定的目的性，但不能称为问题解决。

序列性。问题解决包含一系列的心理活动，即认知操作，比如分析、联想、比较、推论等。仅仅是简单的记忆提取等单一的认知活动，不能称为问题解决。

问题解决的意义

问题的解决意味着目标的达成和追求的实现，意味着人生的成功和精彩，而每次精彩的背后收获的不仅是掌声，还有自己内在能力的成长。

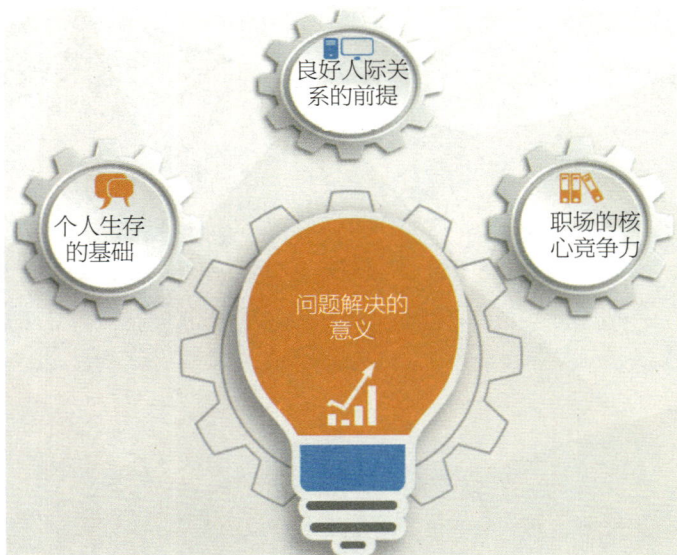

图 4-5

问题解决的四个阶段

1. 发现问题

当某些矛盾反映到意识中时，个体才发现它是个问题，并要求设法解决它。这就是发现问题的阶段。从问题解决的阶段性看，这是第一阶段，是解决问题的前提。发现问题对学习、生活、创造发明都十分重要，是思维积极主动性的表现，在促进心理发展上具有重要意义。

2. 分析问题

要解决所发现的问题，必须明确问题的性质，也就是弄清有哪些矛盾、哪些矛盾方面，它们之间有什么关系，以确定所要解决的问题要达到什么结果，所必须具备的条件、其间的关系和已具备的条件，从而找出重要矛盾、关键矛盾之所在。

3. 提出假设

在分析问题的基础上，提出解决该问题的假设，即可采用的解决方案，其中包括采取什么原则和具体的途径、方法。但所有这些往往不是简单现成的，而是有多种多样的可能。提出假设是问题解决的关键阶段，正确的假设能引导问题顺利得到解决，不正确不恰当的假设则会使问题的解决走弯路或导向歧途。

4. 检验假设

假设只是提出一种可能的解决方案，还不能保证问题必定能获得解决，所以问题解决的最后一步是对假设进行检验。通常有两种检验方法：一是通过实践检验，即按假定方案实施，如果成功就证明假设正确，同时问题也得到解决；二是通过心智活动进行推理，即在思维中按假设进行推论，如果能合乎逻辑地论证预期成果，就算问题初步解决。如果在假设方案一时还不能立即实施，那么就必须采用后一种检验方法。但必须指出，即使后一种检验方法证明假设正确，问题的真正解决仍有待实践结果才能证实。如果哪种检验方法未能获得预期结果，那么就必须重新另提假设再行检验，直至获得正确结果，问题才算解决。这是问题解决的阶段，同样是实践问题解决的过程。充分理解其思维逻辑，在实际工作中随机应变、灵活运用，以此培养自己实际应用的能力。

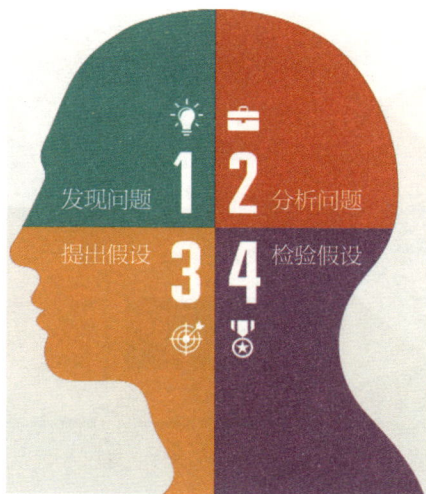

图 4-6

◆ 影响问题解决的因素

（1）问题的特征。个体解决有关问题时，常常受到问题的类型、呈现的方式等因素的影响。

（2）已有的知识经验。已有经验的质与量都影响着问题解决，与问题解决有关的经验越多，解决该问题的可能性也就越大。

（3）定式与功能固着。定式影响问题解决。功能固着也可以看作是一种定式，即从物体正常功能的角度来考虑问题的定式。当在某种情形下需要利用物体的某一潜在功能来解决问题时，功能固着可能起到阻碍的作用。

（4）原型启发与联想。原型启发是指从其他事物中看出了解决问题的途径和方法。原型是指对解决问题有启发作用的事物。

（5）情感与动机状态。一般来讲，积极的情绪有利于问题的解决，而消极的情绪会干扰问题的解决。动机是促使人解决问题的动力。没有解决问题的动机，就不可能有解决问题的行为，问题当然不可能解决。

（6）个性因素。个性因素对解决问题也有重要影响。实验表明：一个人是否善于解决问题，与他的灵活性、首创性和自信心等个性心理品质相联系。此外，个体的智力水平、认知风格和世界观等也影响着问题解决的方向和结果。

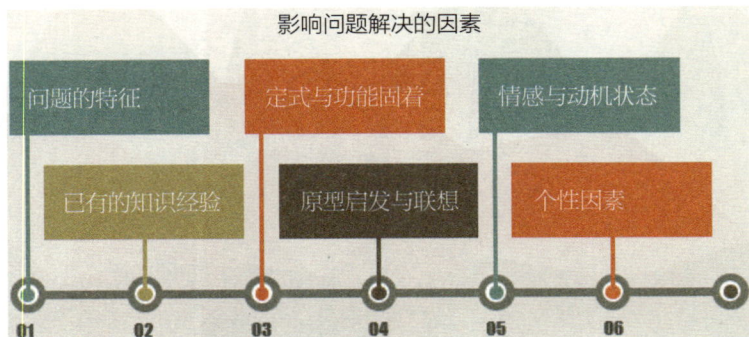

影响问题解决的因素

问题的特征　　定式与功能固着　　情感与动机状态

已有的知识经验　　原型启发与联想　　个性因素

01　　02　　03　　04　　05　　06

图 4-7

职场活动亭 >>

读一读

阅读"职场启迪堂"的故事，说说：

1. 如果你是老板，你会开除林小姐吗？为什么？

2. 如果换作是你，你会通过什么办法来高效地完成老板布置的任务，解决林小姐留下的问题呢？

3. 回顾一下，当你在想办法解决问题的时候，你的思维过程有什么样的特点呢？（如果觉得很难的话，可以跳转到"职场加油站"了解一下问题解决的含义和特点哦）

帮一帮

帮帮情境：早晨9点，深圳某饭店8楼的客房里，有一支来自外国的考察团队。这支团队共有40人，大多数是退休教师，是应我国有关单位邀请来中国考察的。这支团队两天前到达深圳，参观了深圳的学校，准备今天上午10点离开酒店乘机前往北京。不巧的是，团里一名客人发高烧，这急坏了领队方芳。

帮帮主题：帮助领队方芳找到解决问题的最优方案。

帮帮步骤：

1. 6~8个人形成一个帮帮团，讨论解决问题的各种方案，并从中确定一个相对最优方案。每个帮帮团有一个成员做好讨论记录。

2. 每个帮帮团在全班介绍讨论出的方案并陈述具体是怎么思考的？如依照什么原则和具体的途径、方法等。

3. 对比各团队的陈述，分析各团队的思考过程有什么优缺点？

4. 根据各团队陈述，结合"职场加油站"问题解决的四个阶段，全班选出公认的最优方案。

5. 回顾分析各个团队在共同解决问题的过程中，是怎样让解决问题的过程更高效的？

试一试

1. 在"帮一帮"活动中已经小试牛刀，帮助领队方芳找到了解决问题的有效方案，且了解了问题解决的四个阶段，下面请到"职场通关廊"挑战更具难度的问题解决方案吧。

2. 分享问题解决的过程、方法。

说一说

1. 每个小组给出的问题解决方案都是有差异的。即便是面临同样的问题，不同的人、不同的时间、不同的心境，所给出的解决方案都会不一样。究竟是什么因素导致了问题解决方案的不同？在解决问题的过程中，发现了哪些影响问题解决的因素？

2. 分享尝试进行问题解决后的感受及收获。

职场放松屋

九段秘书长

文秘专业的王明和周成是好朋友，在大学毕业后都做了秘书工作。两年后的一天，朋友相聚，聊起了各自工作情况，王明工资不变还经常被骂，而周成不但工资不断上调，还成了老总离不开的"九段秘书长"。以下是他俩不同的工作方式。

老总安排王明通知销售经理参加会议。王明打电话挨个通知，但开会时几个重点区域的销售经理没有来，于是老总问王明怎么回事，王明说：我打电话通知他们了，不知道为什么没来？最后一查才知道，有的销售经理临时出差了，有的把开会的事情忘了……

老总安排周成通知销售经理参加紧急会议。周成认真考虑"会前、会中、会后"的各种情况，制订了"九段会议法"。

一段：发通知。发电子邮件通知，再准备会议用品，然后等待开会时间。

二段：抓落实。发通知后再打电话跟参会人员确认参会时间。

三段：重检查。会前 30 分钟提醒参会人员，特殊情况及时汇报。

四段：勤准备。提前测试投影仪、计算机、音响，并在门口贴上会议时间。

五段：细准备。提前了解会议性质和议题，准备相关资料给参会人员。

六段：做记录。会议过程中做详细的会议记录，在得到允许后做录音备份。

七段：发记录。会后整理会议记录给总经理，并请示是否发给参会人。

八段：定责任。将会议确定相关事项一对一落实责任人，经当事人确认后形成书面备忘录，并定期跟踪各事项完成情况，及时向总经理汇报。

九段：做流程。把上述过程做成标准化会议流程，让所有秘书都可以通过标准化流程把会议做到九段，通过机制打造组织执行力，不断地复制和超越自己。

只有做好充分准备，条分缕析，并按照制订的方案有序执行，才能又快又好地执行问题。最终，会议取得了圆满成功。

——选自姜汝祥：《请给我结果》，北京，中信出版社，2015。引用时有改动。

职场通关廊 ≫

根据问题解决的知识，按照问题解决的四个阶段，提出解决方案，并尝试检验方案的可行性。

挑战内容：在县城附近的公路旁边，有一块菜地，种了一些蔬菜，怎么才能把这些菜卖出去呢？（对于问问题的人来说，这是一个非常真实的挑战，但是这样的问题，你上哪儿去搜寻答案呢？教科书上没有，商学院里没有，互联网上也没有，只能靠大家的智慧了。）

挑战方式：小组合作。

挑战目标：找到有效可行的问题解决方案。

参考解决方案

职场心·愿树 »

通过以上内容的学习，相信你对"问题解决"有了一定的了解。如果你想成为一个解决问题的高手，还应该从哪些地方去提高自己解决问题的能力呢？请把还需要提高的地方写下来吧。

职场拾贝苑 »

亲爱的同学，请将你在本节课学习、活动中的收获、体会和成长记录下来哦！

收获：_____

_____

体会：_____

_____

成长：_____

_____

第三单元 >> 培育素养

职场启迪堂 >>

在人类进化的初始，人的意识中便存在
"欲望"和"理性"两个家伙。

能引起人的行为，却不能分辨对错。

能分辨对错，却不能引起任何行为。

图 1-1

"欲望"能服从"理性"，但也能够反对"理性"。

每次欲望服从理性时，都能带来好的选择和结果。

当欲望反对理性时，总是带来较差的选择和结果。

图 1-2

久而久之，人类便在累积经验的过程中明白"欲望"和"理性"的统一非常重要，此后，人类逐渐根据自己生存发展的需要，自己为自己立规矩，从而产生了"道德"。

道德是人类理性的结晶。

图 1-3

良好的选择习惯一旦养成，"欲望"一旦服从"理性"，道德规范的行为本身就能够给人带来快乐，这种快乐又诱导我们继续选择做道德规范的事情，在不断获得快乐中，从而也获得了幸福感。

图 1-4

　　在人类进化的初始，人的意识中便存在"欲望"和"理性"两个家伙。"欲望"能引起人的行为，却不能分辨对错；"理性"能分辨对错，却不能引起任何行为。"欲望"能服从"理性"，但也能够反对"理性"。每次"欲望"服从"理性"时，都能带来好的选择和结果，而当"欲望"反对"理性"时，总是带来较差的选择和结果。久而久之，人类便在累积经验的过程中明白"欲望"和"理性"的统一非常重要，此后，人类逐渐根据自己生存发展的需要，自己为自己立规矩，从而产生了"道德"。"道德"是人类理性的结晶，表现了人们的共同愿望和需要，调整和约束了人们的行为，而不是随意放纵个人的偏爱和欲求。

上万年过去，人类经历了多个不同阶级社会道德准则的约束。但在养成习惯之前，做一个有道德的人依然不容易，因为"欲望"和"理性"两个家伙在人的意识中依然时常"打架"，我们总是会有"欲望"和"理性"冲突的时候，这着实让人痛苦。但是，良好的选择习惯一旦养成，"欲望"一旦服从"理性"，道德规范的行为本身就能够给人带来快乐，这种快乐又诱导我们继续选择做道德规范的事情，在不断获得快乐中，从而也获得了幸福感。

——故事整理自［美］克里斯托弗·博姆：《道德的起源》，贾拥民，傅瑞蓉译，浙江大学出版社，2015。引用时有改动。

在人类发展史上，"欲望"和"理性"这两个家伙都始终存在。当我们在从事职业活动时，如何平衡内心的"欲望"和"理性"？如何为自己、为他人、为社会营造一个更好的生活空间？这是值得思考的重要问题。

职场加油站 >>

✦ 道德与职业道德

道德是为维护正常的社会秩序，调解人与人之间的矛盾，调整和约束人们的行为的社会规范的总和。

职业道德是指所有从业人员在职业活动中应该遵循的行为准则，是一定职业范围内的特殊道德要求。职业道德的内容反映了鲜明的职业要求，它是职业行为上的道德准则。

✦ 职业道德的内容

职业道德的基本规范——概括了各行各业的共同特点，对各行各业提出了共同要求，是具有普遍意义的职业道德行为标准，包括爱岗敬业、诚实守信、办事公道、服务群众、奉献社会五个内容。

行业职业道德规范——由于各个行业工作性质、社会责任、服务对象和手段不同，形成了更具体、更容易操作的行业职业道德规范。

◆ 职业道德的作用

对个人而言。职业道德是实现人的全面发展的需要，是做好本职工作的需要，是实现自身发展的重要途径，可以塑造个人良好形象。

对企业、行业而言。职业道德可以提高企业信誉、塑造企业良好形象，促进行业发展。

对社会而言。职业道德可以提高社会道德水平、促进社会和谐建设，塑造良好社会风尚。

◆ 职业道德养成的途径和方法

在日常生活中培养——从小事做起、从自我做起。

在专业学习中训练——增强专业意识和专业规范、重视技能训练。

在社会实践中体验——通过实践培养职业情感，学做结合、知行合一。

在自我修养中提高——体验生活、学习榜样。

在职业活动中强化——将职业道德知识内化为信念，将职业道德信念外化为行为。

将"做道德的事"作为自己的行为准则，融入一切行为活动中，一步一步让点点滴滴的道德行为成为自己的行为习惯。当进入职场后，自然而然会在各种选择面前，做出符合道德规范的选择。

职场活动亭 ≫

说一说

阅读"职场启迪堂"故事并分享：

1. 在故事中，道德规范是 _____ 服从 _____ 的产物，当 _____ 反对 _____ 时，人类的行为就会冲破道德规范的约束，带来不好的结果。

2. 举例说说你所知道的一些违反职业道德的现象或行为。这些现象或行为中，存在怎样的"欲望"和"理性"？这些现象或行为的出现，是什么原因导致的？

3. 这些违反职业道德的现象或行为给你的生活带来了哪些直接或间接的影响？给社会发展带来了哪些直接或间接的影响？

4. 你怎么看待这些违反职业道德的现象或行为？

选一选

1. 如果你是企业老板，在挑选员工时，有下面 5 类员工，你会挑选哪一类或哪几类作为自己的员工？为什么这样挑选？哪一类或哪几类员工是你绝对不会挑选的？为什么？

A. 能力好，人品好

B. 能力一般，人品好

C. 能力好，人品一般

D. 能力差，人品差

E. 能力超强，人品超差

2. 去"职场放松屋"看看，其他企业老板的选择是怎样的？他们是怎样看待这五类员工的？

3. 说说职业道德对于个人的职业生涯有怎样的意义？

读一读

阅读"职场放松屋"中第二个材料，分析：

1. 过去的"德国制造"是怎样的？给企业和国家带来了什么？为什么？

2. 现在的"德国制造"是怎样的？给企业和国家带来了什么？为什么？

3. 职业道德对企业和社会具有怎样的价值意义？

分一分

职业道德的规范，对于个人、企业、行业乃至社会都有重要的作用。职业道德包括哪些内容呢？

以下出现的各种关键词都属于职业道德的内容，其中有一些是具有普遍意义、各行各业共通的要求，即所有从业者都应遵守的基本职业道德规范。还有一些是根据各行业工作性质不同而特有的行业职业道德规范。请找出哪些属于基本职业道德规范，哪些属于行业职业道德规范，将它们的序号进行归类，并试着在各个行业职业规范的后面写出该行业的名称。

1. 救死扶伤、高度负责	2. 遵纪守法、买卖公平
3. 爱岗敬业	4. 廉洁奉公、甘当公仆
5. 奉献社会	6. 诚实守信
7. 教书育人、为人师表	8. 服务群众
9. 礼貌行车、安全正点	10. 生产规范、质量第一

图 1-5

基本职业道德规范：_____

行业职业道德规范：_____

_____

写一写

1. 你对于自己所学专业对应行业的职业道德了解有多少？试着去"职场通关廊"写一写吧。

2. 4～6 人为一个小组，将各自所写的内容进行介绍。

3. 将组内成员所列举的对应行业的职业道德要求进行分类整理，看看都包括哪些方面？

4. 结合这些要求，说说怎样可以让自己做一个具有相应职业道德的人？

5. 将小组研讨的成果做成思维导图，全班分享。

职场放松屋 ≫

◆ 企业里的五种人品

现代社会中，在任何企业和组织里，总会存在这五种人品的人，其中能力超强、人品极差的人，往往最不受欢迎。因为一个人如果品质不好且能力差一点，还不至于有大的危害；反而是一个能力非常强、智商非常高的人，如果品质败坏，那他所造成的危害就会非常大，有时候甚至会达到致命的程度，断送一个单位、一家公司。因此，企业选才，才华再高，没有职业道德宁可不要。

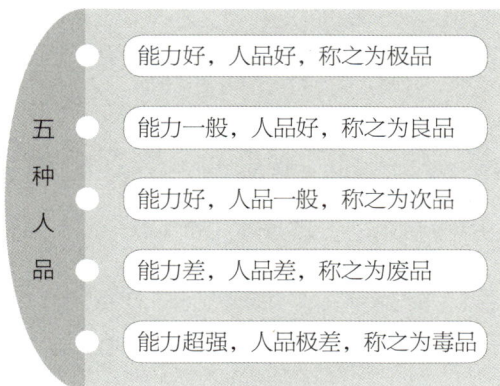

五种人品：
- 能力好，人品好，称之为极品
- 能力一般，人品好，称之为良品
- 能力好，人品一般，称之为次品
- 能力差，人品差，称之为废品
- 能力超强，人品极差，称之为毒品

图 1-6

——整理自孔艺轩：《阿里巴巴的人力资源管理》，深圳，海天出版社，2010。

❖ 用 100 年时间，"德国制造"从假冒伪劣到质量最好

当今世界，"德国制造"已然是高品质、高科技、质量和信誉保障的代名词，德国产品质量享誉世界。回眸历史，"德国制造"这个"金字招牌"也并非是上天的特别眷顾和恩赐，而是德国人"知耻而后勇"，靠创新、靠质量、靠脚踏实地一点一滴做出来的。因为一百多年前的"德国制造"曾是抄袭、劣质和仿冒品的代名词，是欧洲其他国家眼里"劣质产品"的象征。

1871 年普法战争后，德国实现了统一，社会初步稳定，百废待兴。由于缺乏先天技术积累与人才积累，德国最初在制造业中个别企业以模仿当时世界第一个工业国家——英国——的产品为主，用低劣的材料模仿制造，再伪造制造厂商标志，以低价冲击市场，销售到各个国家。政府非但没有阻止这种行为，反而采取了鼓励性政策，德国工业界出现了大面积的严重违背工业职业道德与商业职业道德的现象——把大量粗制滥造的低价德国产品贴上"英国制造"的标签，大量向英法美等国倾销；企业界派出商业间谍到英国以"学习旅行"的方式，大肆剽窃英国的顶尖技术，然后迅速转向国内，利用劳动力低廉与原料低价的优势生产类似商品向欧洲其他国家出售。

德国的这些行径给其制造业造成了极坏的国际影响，英国人形容德商"厚颜无耻"，并四处宣扬德国的劣迹，德国产品被扣上了"劣质产品"这顶不光彩的帽子。英国议会甚至通过新的带有羞辱性的《商标法》条款，要求所有进口商品必须标明原产地，规定从德国进口的产品都须注明"德国制造（Made in Germany）"字样。"德国制造"成了刻在德国人额头上的耻辱印记，对德国产品和德国制造业打击很大。同时，这也极大地刺激了德国人，引起整个国家和民族的彻底自省和反思。德国政府也认识到要想国家长期稳定发展是不能靠违背职业道德的卑劣手段去实现的，只有产品质量过硬才能走得更久、更远，质量之于产品生命力的重要性等同于职业道德之于企业生命力的重要性。至19 世纪末期，德国企业潜心 10 年，国家工业产品的质量和行业职业道德的约束有了明显改观。从 1887 年到今天，"德国制造"走过了一百多年的历程，"德国制造"在世人心目中的负面印象彻底扭转，给德国人带来了荣耀和自豪。质量可靠、供货及时、生产技术

成熟和改革创新能力强，都成为"德国制造"以及德国工业职业道德的丰富内涵。

　　——整理自洪艳：《逼出来的"德国制造"》，载《思维与智慧：上半月》，2017（10）。引用时有改动。

职场通关廊 ≫

　　根据自己的生活感悟，填写专业所对应行业的职业道德要求。课后可以通过询问老师或其他方式进一步了解行业对职业道德的确切要求。

所学专业对应的行业：_____

我认为对应行业的职业道德要求有：_____

_____

_____

_____

经过调查了解，我知道对应行业的职业道德要求有：

_____

_____

_____

职场心·愿树 »

写下几条能充分激励自己做一个遵守职业道德的职场人的理由吧。

职场拾贝苑 »

亲爱的同学，请将你在本节课学习、活动中的收获、体会和成长记录下来哦！

收获：_____

_____

体会：_____

_____

成长：_____

_____

职场启迪堂 》》

图 2-1

图 2-2

图 2-3

图 2-4

　　一座巨大的城堡正在打地基，这项建筑工程的管理员负责监督劳工和工匠们干活。一天，管理员决定对其中石匠们的工作态度进行一次调查，他挑选了三个石匠。他来到第一个石匠跟前，说："兄弟，跟我说说你的工作吧。"

　　第一个石匠满怀愤怒与怨恨地说："我每用凿子凿一下石块，感觉都像是敲碎了我人生的一部分。看，我的双手布满老茧、粗糙不堪。我满脸沧桑、头发花白。天天干着同样的活，永无尽头，我真的太疲惫了。我能有什么成就感？恐怕城堡的四分之一还没盖好，我就早已经死了。"

他来到第二个石匠跟前，说："兄弟，跟我说说你的工作吧。"

第二个石匠柔和而平静地回答说："我每用凿子凿一下石块，都能感到我在雕刻我的人生与未来。看，我能让家人住在舒服的房子里，这比我小时候住的不知道要好上多少倍！我的孩子们可以上学。毫无疑问，他们今后当然会比我现在过得更好。这一切都是由于我努力干活的结果。我把技能奉献给工作，工作也回馈我很多。"

他来到第三个石匠跟前，说："兄弟，跟我说说你的工作吧。"

第三个石匠充满喜悦地说："我每用凿子凿一下石块，都知道那是我在铸造自己的命运。看，这个石块的花纹已经依稀可见，多美啊！我在这里凿石块，内心充满成就感。尽管我永远无法看到这座伟大城堡完工的一天，但令我欣慰的是，它将一直耸立于此，亘古不变，灯塔般照亮我们内心真正的价值所在。"

——改编自［英］尼克·欧文编著：《左眼生活 右眼魔法》，何峻译，上海，上海人民出版社，2008。引用时有改动。

罗伯特·威尔兹说，一个人的态度直接决定了他的行为，决定了他对待工作是尽心尽力还是敷衍了事，是安于现状还是积极进取。米卢说，态度决定一切。罗曼·罗兰说，对工作的严肃态度，高度的正直，形成了自由和秩序之间的平衡。吉格斯说，态度决定成败，无论情况好坏，都要抱着积极的态度，莫让沮丧取代热心；生命，可以价值极高，也可以一无是处，随你怎么去选择。

职场加油站 ≫

● 职业态度的含义

职业态度是指个人对所从事职业的看法及在行为举止方面反应的倾向，包括三个重要成分。

1. 认知成分

它是对职业的了解认识或信念，主要是知识的、理性的层面。

2. 情感成分

它是对职业的情感，欢喜或爱恶的程度，属于情感的、感性的一面。

3. 行为成分

它表现于外显行为的部分，属于实际的具体行动。

◆ 职业态度的价值

1. 职业态度影响个人职业发展

有什么样的态度，就会选择什么样的行为，就会有什么样的结果。企业对于员工都是一视同仁的，在刚进公司的时候，员工的工作待遇、工作水准差别都不会太大。之所以后来有了千差万别的前途，很大程度上是由他们对待工作的态度决定的。

肯定的、积极的职业态度，促进人们去钻研技术，掌握技能，提高职业活动的忍耐力和工作效率。会使自己对于未来更加乐观，更加具有进取心，成长的速度也就会越来越快。

拥有了积极的职业态度

内在心情变化：更加努力、充实、坦荡、乐观、理智

职场关系改变：更加诚实守信、为人诚恳、做人正派、和谐互助

事业曲线上升：更能抓住成功机遇，拥有活跃的思维、敏锐的洞察力

促进职业发展

图 2-5

被动的、消极的职业态度，影响人们内在心情变化、职场关系和个人的事业发展。会使得自己缺乏进取心，对于任何事情都抱着无所谓的态度，得过且过。这样的工作态度只会让自己在原地踏步，裹足不前。

图2-6

2. 职业态度影响社会整体发展

单位的发展离不开每一个单位成员的努力，社会的整体发展离不开每一个构成单元的发展。因而，每个个体对职业的态度不仅会影响从业者本人的工作成效与发展，而且会影响单位及事业的发展，影响人与人之间相处的氛围。设想，如果每个人都用消极的职业态度投入工作，用消极的职业态度对待我们的服务对象，一切将会怎样？

◆ 职业态度的影响因素

生活实践证明，很多态度是由于经验的积累与分化而慢慢形成的，是一个价值观内化的过程。一般情况下，职业态度的选择与确立，与个人对职业的价值认识即职业观及情感维系程度有关，易受主观方面因素如心境、健康状况，以及客观环境因素如工作条件、人际关系、管理措施等直接影响而发生变化。具体可体现为以下几方面：

1. 自我因素

自我因素包括个人的兴趣、能力、抱负、价值观、自我期望等。职业态度的自我因素与职业发展过程有相当密切的关系，个人在选择职业时所表现出来的态度，也是反映个人兴趣、能力、抱负、价值观、自我期望的一种表现。

2. 家庭因素

家庭因素包括父母期望，家庭背景，家庭成员观念的支配、情感的熏陶和行为的带动等。在做职业选择时，家人的意见通常会潜移默化地影响到个人的职业态度。

3. 人际关系因素

在社会生活中，同伴对于个体的影响力不可低估，人们往往会无意识地遵循同伴的观点、意见、态度。正如苏联的心理学家维果茨基所说，人之所以会变成他自己，是以他人作为参照系来对照自己的行为后果。因此，态度和人际关系是密不可分的。

4. 职业因素

职业因素包括职业市场的需求、职业的薪水待遇、工作环境、发展机会等。个人对职业认知的系统性、客观性，以及个人对职业形成的体验会影响到个人的职业态度。

5. 社会因素

社会因素包括同事关系、社会地位、社会期望等因素。在职业发展的过程中，个人的最终目标是在其职业上能有所展现，有更多的人希望自己能成为社会中有身份、有地位的人。以社会现象为例，一般人认为医生、律师、艺术家有较高的社会地位，保洁工作好像就是不入流的劳动者，虽然这并不是正确的观念，但或多或少也影响了个人的职业态度。

➡ 积极职业态度的养成办法

1. 认清工作意义，尤其是我们是在为谁工作

为老板打工的态度让很多人与发展及成功无缘，在这种态度下，工作只是一种简单的雇佣关系，做多做少，做好做坏，对自己意义不大，达到要求就行，因此，工作的质量、标准都不高。只有抱着"为自己工作"的心态，承认并接受"为他人工作的同时，也是在为自己工作"这个朴素的观点，才能心平气和地将事情做好。反观现在，只有抱着"为自己学习"的心态，才会积极努力提高学习成效。

2. 换个角度思考，尤其是抱着学习历练的心态

很多时候，我们未必能够改变环境，但我们可以改变自己去适应环境。无论在什么样的工作单位，什么样的工作岗位，工作中难免有不如意之处。如果换个角度，停止不满和抱怨，想办法在简单单调的工作中找到工作的价值，找到自我提升的方向，想办法在困难、问题重重的工作中，不断寻求创新突破，将每一个困难问题都作为自我完善和提升的契机，那么，我们是不是就会用更加积极的态度投入各项工作中呢？

3. 行于当时当下，尤其是当前的学习生活

态度是一个人的主观意识，它决定和指导我们的行为，有什么样的态度，就有什么样的行为，行为的长期积累，也就形成了习惯，而人的一生却往往被这样或那样的习惯主宰。虽然职业态度体现在职场生活中，但每个人为人处世的基本态度是日积月累形成的。如果不注重用积极的态度来对待当前的学习，当前的生活，那么很难想象今后在职场中，我们会突然拥有积极的职业态度。

职场活动亭 »

读一读

1. 阅读"职场启迪堂"故事，说说是什么导致了三个石匠不同的结果？

2. 通过这个故事，你怎么看待职业态度？

说一说

◆ 修手机

一位顾客的手机出了问题，来到售后服务中心。以下是服务人员与他的谈话。

服务人员："对不起，你的手机已经过了保修期，要修的话则需要换一个主板。修理费再加上主板的成本费一共是 500 元。"

顾客："怎么这么贵呀，一个手机才多少钱。"

服务人员："嫌贵呀？嫌贵自己修去，一分钱都不花！"

顾客："你的服务态度怎么这么差？"

服务人员："我就这样，你能怎么着吧？"

……

1. 如果你是顾客，你的心里会怎么想？你对这种现象怎么看？

2. 故事中，服务人员消极的职业态度表现在哪些地方？可能会对自己、公司、他人或社会产生哪些影响？

服务人员消极的职业态度有哪些表现	服务人员消极职业态度的影响
	对自己：
	对公司：
	对社会：

3. 这个故事可能会怎么发展？可能会出现哪些类型的结果？你觉得哪种结果更好一些？为什么？

4. 分小组聊一聊：服务人员产生消极职业态度的原因可能有哪些？针对这些原因，如果你是顾客，你可以如何去改变服务人员的职业态度？试想服务人员在你的引导下，服务态度已经有了积极的转变，再遇到同样的情况，故事又会怎样发展？

5. 联系平时生活学习，想一想你还在哪些时候遇到过类似工作态度不好的情况？你身边的亲戚朋友，或者自己有没有对别人工作态度不好的情况？再回忆一下，你有没有遇到过他人工作态度很好的情况？如果有，当时你内心是怎样的感受？

看一看

1. 网络上搜索香港导演陈可辛指导、孔令美主演的贺岁短片《三分钟》，分享观看短片后的感受。

2. 阅读下面情景故事，分析故事中的许明对待值日是什么态度？许明对待值日的态度可能会和他未来的职业态度有怎样的关系？如果持续这样的工作态度，你认为未来两位同学的职场发展会怎样？

下课的铃声响了，值日小组在打扫卫生。

许明丢下手中的扫帚，高兴地说："张华，走！我们去打篮球吧！"

张华低着头，拿着拖把，说："你看你，地都没扫干净，明天其他人怎么坐啊？"

许明不高兴地噘着嘴说："有什么好扫的，天天都有人扫，又不缺我一个，而且现在有人在扫的嘛，反正你是最后检查的，怕什么！"

张华继续拖着地，反问道："我要是跑了，最后谁来监督大家啊？算了，你还是认真扫地吧，我也可以帮你。"

许明生气地丢下扫帚，抱着篮球跑出了教室。

析一析

阅读"职场放松屋"的故事，分析：

1. 尤玮从一名普通中职生成长为"上海十佳讲解员"的诀窍是：

_____

2. 尤玮积极的职业态度是从什么时候开始体现的？体现在哪些地方？请在下图的数字拐点上写一写他入校、在校、面试、工作的时候是怎么做的。

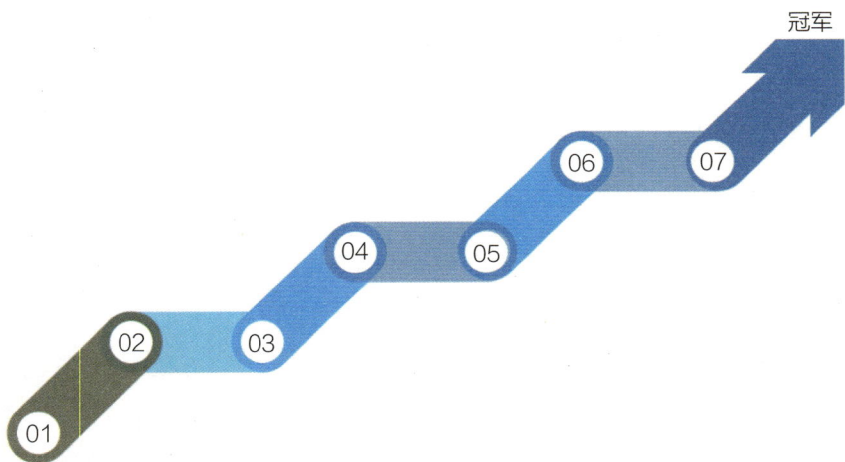

图 2-7

3. 如果尤玮不是这样做的，台阶的方向会发生改变吗？还会是职场上那个"冠军"吗？试想一下又会是怎么样的结果？

4. 尤玮的故事给你怎样的启示？你打算怎样从现在开始让自己拥有积极的职业态度？请到"职场通关廊"去整理一下自己思路吧。

5. 分享自己整理思路后的感悟。

职场放松屋 ≫

　　尤玮从一名普通的中职生迅速成长为"上海十佳讲解员"、中共"二大"会址纪念馆宣教部主任。上海市委、徐汇区团委等单位联合举办了优秀中职毕业生报告会，优秀毕业生尤玮向学弟学妹们介绍自己的成才经历。

　　中考后，尤玮被上海市信息管理学校（原董恒甫职业技术学校）图书情报管理专业录取。和其他同学不同的是，从踏入中职校门的那一刻起，她便告诉自己，这里是一个新的起点，一样可以实现人生目标，只不过需要将自己的人生道路进行一点点调整。参加辩论赛、演讲比赛，担任文学社社长。入学后，尤玮积极参加学校的各个社团活动，锻炼自己的各方面能力，不断学习与人交往、如何组织活动。

　　鲁迅纪念馆需要招聘一位讲解员，前来应聘的都是一些名牌大学的学生，甚至还有多位研究生前来应聘。面试者需要现场讲解鲁迅纪念馆，并接受面试官的提问。此时，站在一旁做志愿者的尤玮胆怯地问道："可以给我一次面试机会吗？"现场的面试官说："可以啊，你试试吧！"声情并茂的讲解后，面试官决定，无须招聘本科生、研究生，破格招聘这位中职学生。

　　走近尤玮，记者发现，她的成功跟她的辛勤付出有很大的关系。做了这么多年的讲解员，尤玮一直有一个习惯，随身带着一个小笔记本，随时记录自己的最新收获和体会，遇到不懂的疑难问题，她也会第一时间记下来。每当有党史专家来展馆，尤玮都会拿出小本子，一一向各位党史专家请教。

　　——选自时秀勤主编：《职业生涯规划》，上海立信会计出版社，2013。

职场通关廊 »

未来拟从事的职业		
该职业积极态度的体现		
我还有哪些差距		
从现在开始，我打算	学习态度	
	生活态度	
	运动态度	
	参加实践活动态度	

职场心·愿树 »

亲爱的同学，请设想一下自己 10 年以后的工作场景，你由于职业态度端正，不断提升工作素养，职场上可能会取得哪些成绩？想一想并写在下面吧。

▌职场拾贝苑 ≫

亲爱的同学，请将你在本节课学习、活动中的收获、体会和成长记录下来哦！

收获：_____

_____

体会：_____

_____

成长：_____

_____

职场启迪堂 »

图 3-1

图 3-2

图 3-3

图 3-4

图 3-5

图 3-6

一位睿智的老师和他的一位沾有不良习惯的年轻学生一起在树林里散步。

老师突然停了下来，指着身边的一株植物对他的学生说："把它拔起来。"

这是一棵刚刚冒出土的幼苗。年轻学生听从老师的吩咐，将幼苗轻轻拔起。

"很好。"老师指着另外一株植物说，"把它也拔起来吧。"

这是一棵小树苗。学生略加用力，将树苗拔了起来。

"现在把这棵小树拔起来吧。"老师说。

这是一棵长得与学生差不多高的小树，它的根牢牢地盘踞在土壤中。学生全力以赴，最后，小树终于倒在了筋疲力尽的年轻学生的脚下。

"好了，去把那棵树拔起来吧。"老师又说。

这是一棵较大的橡树，比年轻的学生高出了几个头。

年轻学生目瞪口呆地望着眼前这棵高大的树，一动不动，他连尝试一下的勇气也没有了。

"我的孩子，"老师叹了一口气说道，"你的那些不良习惯就像这些植物，等长大了，要拔除它们是多么难啊！"

——选自邹伟建：《成就职业人生的好习惯》，合肥，中国科学技术大学出版社，2007。引用时有改动。

"习惯"是通过一点一滴、循环往复、无数重复的行为动作养成的，好的习惯，坏的习惯莫不如此。美国著名心理学家威廉·詹姆士说："播下一个行动，收获一种习惯；播下一种习惯，收获一种性格；播下一种性格，收获一种命运。" 养成良好的习惯，可以让我们受益终身。

职场加油站 »

◈ 习惯的含义与特性

习惯在《汉语大辞典》中的解释为：长时期里逐渐养成的、一时不容易改变的行为、倾向或社会风尚。通俗地说，习惯是人们在社会生活中逐步形成的一贯的、稳定的行为方式，是通过外在的行动而表现的内在的比较稳固的、自动化的思想和意识。换句话说，习惯是主体内心下意识活动的结果，是既不需要外部监督，也不需要经过复杂的思想斗争和意志努力而自然流露出来的经常性行为。习惯具有以下特性。

1. 稳定性

人的习惯形成之后，具有在相当长的时间内保持相对不变的特性。习惯的这种稳定性会引导和控制一个人的行为模式，就像附着在个人的身体上而成为其中的一部分，不易改变，甚至一旦中断，就会产生别扭、焦虑、紧张等负面情绪。习惯的养成，是一个长期的过程，要进行反复的训练和强化才能完成，培养一种好习惯和矫正一种坏习惯同样都要付出巨大的努力。习惯一旦形成，一般很难改变，并在长时期内发挥作用，影响一个人的发展。

2. 情境性

从心理机制上看，习惯是由于反复练习而在人们头脑中建立起来的一系列条件反射。它是一种需要，具有自动化的作用，不需要别人监督和提醒，也不需要自己的意志努力，是一种省时省力的自然动作。养成了某种习惯的人，一旦到了特定的场合，习惯就会自动地、下意识地表现出来。

3. 双重性

习惯有好坏之分，它对主体的作用也有双重性，好习惯有利于个体和社会，坏习惯不利于个体和社会。

——摘自张岩松，刘志敏，高琳主编：《新编自我管理能力训练》，西安，西安电子科技大学出版社，2015。引用时有改动。

◆ 职业习惯的含义

1. 基本的职业习惯

基本的职业习惯是指从业者在长期工作中自发形成并逐步固定下来、得到普遍认可的做法和惯例。它是一切从业者在职业活动中应共同遵循的行为准则，也是评价职业劳动者职业活动、职业行为的标准之一。这些行为准则，是在职业活动中对职业意识和职业行为要求的集中提炼和高度概括，鲜明地表达了从业者的职业义务和职业责任。它概括了各种行业职业习惯的共同特点，对各行各业提出了共同要求。

2. 行业的职业习惯

行业的职业习惯就是与该行业的个性特征相适应的具体的行为习惯规范，是基本职业习惯的行业化和具体化。它与行业个性特征紧密相关。社会各行业的性质、特点、服务对象、服务手段以及传统习惯等，是不完全一样的。因此，各行业的职业习惯都有自己的特点，职业习惯的内容和要求也不相同。行业职业习惯具有如下特征：

（1）行业职业习惯规范与一定职业对社会承担的特殊责任相联系。

（2）行业职业习惯规范是多年积淀的产物。

（3）行业职业习惯是抽象与具体的结合，共性与个性的统一。

（4）行业职业习惯规范与从业人员的利益一致。

◆ 职业习惯的意义与影响

1. 良好职业习惯的意义

对个人而言。拥有好习惯就像拥有一项资本，毕生享受它的增值，使你终身受益；而拥有良好的职业习惯，有助于提升个人职业素养，促进职业生涯良性发展，成就职业理想。

对企业而言。良好职业习惯的养成是企业建设职业化队伍必不可少的重要内容，每个员工都需要注意培养良好的习惯，并从中获取行动的力量，从而能改善和提高企业形象，改善员工精神面貌，使组织具有活力，提高生产效率。

对社会而言。每个人都变成有良好职业习惯的人，对自己的工作尽心尽力，从而促进企业、行业的发展，同时有助于提升全社会的职业素养，从而提高全社会的职业境界，对社会发展起到推动作用。

2. 不良职业习惯的影响

不良职业习惯影响我们的事业发展。不良的职业习惯就像还不清的债务，连本带利，日积月累，最终让我们苦不堪言。因为习惯存在于我们的潜意识中，这件事情应该这样做，那件事情应该那样做，有时候你不会考虑得太多，因为，它已经形成了一种条件反射，就算你的做法不恰当，你也不会觉得有任何不妥，反而觉得这是理所应当的。因此，对职场中的一些不良习惯，你已经习以为常，觉得这很普通，没有什么大不了。但是，这些不良习惯反映出来的一些问题，却被你的领导和同事尽收眼底，这将影响到你事业的发展。

不良习惯影响我们的生活品质。习惯对我们的生活有很大的影响，因为它是一贯的，在不知不觉中，经年累月影响着我们的思维方式和行为方式，左右着我们生活质量的高低。看看我们自己，看看我们周围，好习惯造就了多少辉煌成就，而坏习惯又毁掉了多少美好的人生。

不良习惯影响我们的人生幸福。习惯一旦养成，便极具稳定性，对人生有着绝对的影响力，要想改变它也绝非轻而易举的事。就这样日积月累，我们的意识在不知不觉中被习惯影响和改变着，在无形中决定着我们事业的成败和人生的幸福与否。坏习惯会影响到一个人的前途和未来，从而影响一个人的人生幸福，所以，要下功夫尽早改掉不良的习惯，未来才会更加美好。

❥ 良好职业习惯的主要内容

一个人能取得非凡的成绩，环境、机遇、学识、天赋等外在因素固然重要，但更重要的是自身的职业素养与努力，良好的职业习惯就是其中之一。良好的职业习惯包括基本的职业习惯和各行各业特有的职业习惯。

1. 基本的职业习惯

（1）爱岗敬业的好习惯

养成爱岗敬业的好习惯要做到八个字，即敬业、爱业、勤业、守业。

（2）钻研业务的好习惯

敬业就要精业，要精业就要不断地钻研业务，寻求突破，要干一行、爱一行、专一行。

（3）自觉自发的好习惯

自觉自发就是不用别人要求，自己也能严格要求自己，出色地完成工作。

（4）有效执行的好习惯

办事拖拉推诿是一种坏习惯，很多人都因拖延的陋习而一事无成，这是因为拖延能杀伤人的积极性。

（5）注重细节的好习惯

要懂得工作无小事，要重视工作中的每一个细节，将小事做细，对自己的工作要精益求精。

（6）团队合作的好习惯

要有团队精神。团队精神就是所有的团队成员为了一个共同的目标，自觉地担负起自己的责任，并甘愿为了团队的共同利益牺牲自己的某些利益。

（7）思考创新的好习惯

跳出常规模式、变换角度思考问题，热衷于发现那些埋没于千头万绪或支离破碎背后的每一个亮点，善于捕捉那些别人不注意的好点子、好建议。

（8）遵守时间的好习惯

做人要惜时，做事要守时，严格遵守工作时间、休息时间，确保提前完成领导下达的各项工作任务。

2. 行业特有的职业习惯

行业特有的职业习惯与行业个性特征紧密相关，是高质量完成各行各业职业使命的重要因素。比如：教师需要有精心备课的习惯、积极关注学生的习惯、与学生家长沟通的习惯；会计需要有严谨细致、认真核对的习惯；机械操作人员需要有反复进行安全检查确认的习惯、工具分类有序归纳整理的习惯；服务人员需要有微笑面对顾客、征询顾客意见的习惯；等等。

❱ 培养良好职业习惯的途径

在我们的身上，好习惯与坏习惯并存。当然，改变坏习惯，养成好习惯，并不是一蹴而就的，它需要我们用毅力、恒心和不断的自我提醒才能做到。幸运的是，我们每个人都具备这些能力——只要你肯用心！

1. 研究一个好习惯的重要性

要培养一个好习惯，你首先必须研究它的重要性。因为你只有明白了它的重要性，你才会有培养这个习惯的愿望，你才有坚强的决心，你才能有坚决的行动。只有有了一次次坚决的行动，习惯才能逐步养成。

2. 研究一个好习惯的可行性

要培养一个好习惯，开始前的可行性分析很重要，这样能使习惯的养成建立在理智和科学的基础上。否则，脑袋一热，盲目去做，常常会半途而废。回忆我们每个人的生活，是不是经常对某件事有很大决心？比如信誓旦旦地从明天起一定要长跑，一定要用一小时学外语，一定要用一小时拉小提琴，等等。为什么热度只维持了几天、几个星期，就像泄气的皮球一样瘪了下去？一个很重要的原因就是没有做好可行性分析。

3. 统筹安排，逐一突破

习惯是个体系，像大树一样有根、干、枝、叶。它包括学习上的习惯、健康上的习惯、工作上的习惯、与人相处的习惯等。这么多的习惯在培养时，要统筹安排，分清主次，明确先后，有步骤地去培养。开始时要由浅入深、由近及远、由渐进到突变，要宁少勿多，宁易勿难。习惯的培养，要注意刚柔相济，在坚持的同时，要有一定的灵活性。但千万不要一灵活，把原则也灵活掉了。对旧习惯的克服，要放在有了毅力以后再进行，要先培养好习惯，在好习惯的培养中，人的毅力会慢慢增强，当强到一定程度的时候，人就有力量去对付那些坏习惯了。如果一开始就去碰那些坏习惯的话，容易受到阻力，挫伤人们对习惯培养的信心。

4. 关键前三天，重在一个月

我们常说万事开头难，一个新习惯的诞生，必然会冲击相应的旧习惯，而旧习惯不会轻易退出，它要顽抗，要垂死挣扎。另外，我们的肌体、心灵也需要时间从一种状态过渡到另一种状态，需要一个适应过程。从记忆的角度来讲，人也需要不断复习已经建立的好习惯，需要强化它。所以，前三天要准备吃点苦，要下功夫，要特别认真，过了这一关，坦途就在眼前。好习惯的形成大致分三个阶段：

第一阶段：1~7 天左右。"刻意，不自然"。

第二阶段：7~21 天左右。"刻意，自然"。

第三阶段：21~90 天左右。"不经意，自然"。

5. 坚持不懈，直到成功

培养好习惯是一个长期的过程，我们要下定决心，朝着自己的目标去努力，这样一定能够建立自己理想的习惯，去除那些影响我们事业和命运的坏习惯。"不积跬步，无以至千里；不积小流，无以成江海"，要想形成良好的习惯必须循序渐进，长期努力，它需要水滴石穿的功夫和铁杵磨成针的韧性。

职场活动亭 >>

读一读

1. 阅读"职场启迪堂"的故事，分享：从这个故事中获得什么样的启示？从中发现习惯具有怎样的特点？

2. 阅读"职场放松屋"的故事，说说从中还发现习惯具有怎样的特点？

3. 这些习惯特性对我们培养良好职业习惯提出哪些要求和挑战？

诵一诵

请朗诵下面的诗。

我是谁?

我是你的终身伴侣,我是你最好的帮手,我也可能成为你最大的负担。

我会推着你前进,也可以拖累你直至失败。

我完全听命于你,而你做的事情中,也会有一半要交给我,因为,我总是能快速而正确地完成任务。

我很容易管理——只要你严加管教。请准确地告诉我你希望如何去做,几次实习之后,我便会自动完成任务。

我是所有伟人们的奴仆,唉,我也是所有失败者的帮凶。伟人之所以伟大,得益于我的鼎力相助,失败者之所以失败,我的罪责同样不可推卸。

我不是机器,除了像机器那样精确工作外,我还具备人的智慧。你可以利用我获取财富,也可能因我而遭到毁灭——对于我而言,两者毫无区别。

抓住我吧,训练我吧,对我严格管教吧,我将把整个世界呈现在你的脚下。

千万别放纵我,那样,我会将你毁灭。

我是谁?

我就是习惯。

> ——选自当代青年职业精神和职业技巧编委会:《当代青年职业精神和职业技巧》,上海,上海书店出版社,2010。引用时有改动。

议一议

1. 4~6人为一组,结合诵读内容讨论:习惯对我们有哪些影响?

2. 将讨论所得结论进行归纳总结,并向全班展示交流。

谈一谈

古时候有一个小伙计跟师父学剃头。开始的时候师父让他在南瓜上练手艺,每次练完后，他都把剃头刀往南瓜上一扎就走了。日复一日，师父每次提醒他不要养成这个坏习惯，他就是不听。一年后他手艺练成了，高高兴兴地出了师，办起了剃头铺，迎来了第一个客人。他熟练地舞着剃刀，没想到，最后随着一声"好了！"他习惯性地一抬手，锋利的刀子扎在了顾客的头上。那一瞬间他呆住了，后悔也来不及了。

——摘自阿黑，阿登：《学生作文精彩结尾1000例》，北京，北京广播学院出版社，1991。引用时有改动。

1. 小伙计的不良职业习惯是怎么形成的？谈一谈从这个小伙计身上得到了哪些经验教训？

2. 你还知道哪些良好职业习惯和不良职业习惯的实例或故事？

3. 你所学专业对应的职业有哪些呢？你认为作为一个职场中人，我们应该具备哪些良好的职业习惯？

4. 将来你最想从事的职业是什么？你觉得从事该职业需要具备哪些独特的良好职业习惯？

玩一玩

玩家攻略

1. 主题：十指交叉游戏。

2. 规则：快速完成，不能刻意。

3. 组织：全体学生同时进行。

4. 步骤：

（1）两掌相对，十指交叉。注意观察大拇指的位置。看一看是左手大拇指在上，还是右手大拇指在上？

（2）反过来交叉，即刚才在上的拇指改在下，注意感受这时候是什么感觉？

（3）刻意改过来交叉动作，不断重复21次。注意重复21次后的感觉是怎样的？

（4）分享活动的感受。

填一填

习惯成自然，剃头小伙计的故事让我们知道职业习惯往往是在平常的学习生活中日积月累形成的，所以，良好职业习惯的培养要趁早开始，从此刻开始。

请根据"职场通关廊"的提示完成通关任务吧。

赏一赏

有人认为养成好习惯很难，但是一个坏习惯在不知不觉中就已经形成了。事实并非如此，这还要看一个人的毅力。不管怎么说，习惯终归是习惯，并没有科学的理论说坏习惯要比好习惯更容易养成。

经常做一件事就会形成习惯，而习惯的力量是难以抗拒的。既然人有可能养成一种习惯，那肯定他也有能力改掉这种习惯，关键就看怎样做了，如果有决心和毅力，任何坏习惯都能克服和摒弃。

当上帝把我们放在人间，就是要让我们先学会改变自己，否则永远都别妄想得到自己想要的那块面包。所以请记住：改变自己会痛苦，但不改变自己会吃苦。

欣赏上面三段人生感悟，结合"职场心愿树"的要求，鞭策自己尽早培养良好的职业习惯，为将来的职业生涯打下基础。

职场放松屋

▶ 爹，转弯啦

父子俩住在山上，每天都要赶牛车下山卖柴。老父较有经验，坐镇驾车，山路崎岖，弯道特多，儿子眼神较好，总是在要转弯时提醒道："爹，转弯啦！"

有一次父亲因病没有下山，儿子一人驾车。到了弯道，牛怎么也不肯转弯，儿子用尽各种方法，下车又推又拉，用青草诱之，牛仍一动不动。

到底是怎么回事？儿子百思不得其解。最后只有一个办法了，他左右看看无人，贴近牛的耳朵大声叫道："爹，转弯啦！"牛应声而动。

——选自丁敏翔：《小幽默大智慧》，北京，中国华侨出版社，2016。引用时有改动。

牛用条件反射的方式活着，而人则以习惯生活。习惯一旦养成就不会轻易改变；好习惯会让人受益终身，坏习惯会影响一个人一辈子。

职场通关廊 ≫

据科学研究发现，一个人一天的行为中，大约有 10% 是属于非习惯性的，大约有 90% 是属于习惯性的。同一个动作，如果重复三周，就会变成习惯性动作，如果重复三个月，就会形成稳定的习惯。从这项科学研究得出：坏习惯是可以改变的，好习惯是可以培养的，只是需要正确的方法和长期的坚持。职业习惯同样如此，请同学们给自己量身定制一套行之有效的培养良好习惯的计划。（请参考"职场加油站"中"培养良好职业习惯的途径"，并结合自身实际在同学和老师的协助下完成）

1. 目前你自身缺少哪些良好的职业习惯？（请在下面选择或填写）

1. 爱岗敬业	5. 注重细节
2. 钻研业务	6. 团队合作
3. 自觉自发	7. 思考创新
4. 有效执行	8. 遵守时间
其他	其他

2. 如果缺少这些良好的职业习惯，可能会对你的人生产生什么影响？

3. 准备先后分几个阶段培养这些习惯？每个阶段主要打算培养什么习惯？准备怎么培养这些习惯？

时间阶段	良好职业习惯	养成策略

职场心·愿树 >>

　　心理咨询专家胡志威说："好习惯并不难养成，过程虽然痛苦，一旦养成，就会成为我们终生的财富。""百尺高台，起于垒土"，好习惯的养成和坏习惯的改变，都需要日积月累，坚持不懈。在开始试着改变旧习惯的时候，我们往往会觉得极端困难，就像运行中的火车那样，很难改变其节奏。想一句能时刻激励我们的话写在下面，让它成为我们懈怠时候的兴奋剂吧。

职场拾贝苑 »

亲爱的同学，请将你在本节课学习、活动中的收获、体会和成长记录下来哦！

收获：_____

_____

体会：_____

_____

成长：_____

_____

图 4-1

图 4-2

图 4-3

图 4-4

在战国时期，有一名厨师叫庖丁，他替梁惠王宰牛。肩膀倚靠的地方，脚踩的地方，膝盖顶的地方，哗哗作响，进刀时霍霍地。这所有声音恰似音乐一般动听悦耳。既合乎古代《桑林》之舞的韵律，又符合古乐《经首》乐章的节奏。

梁惠王赞叹道："啊，你真了不起！你宰牛的技术怎么能高超到这种程度呢？"

庖丁说："我刚开始学习宰牛的时候，因为一点儿也不了解牛身体的构造，所以动作并不麻利。三年之后，我在宰牛的过程中积累了很多经验，而且了解了牛全身的构造，所以宰牛时感到得心应手。到了现在，我闭着眼睛都能宰牛，就像是在用自己的意念宰牛一样。我用牛刀直接刺进骨节有空隙的地方，然后沿着牛的身体结构运刀。我宰牛的刀从来不会碰到筋络或是骨头上的肌肉，更不会碰到大骨头。一个技术高明的厨师用刀割肉，大概一年要换一把刀；如果一个厨师用刀去砍骨头，那么刀很快就会变钝，所以需要一个月换一把刀。而我这把宰牛刀已经用了十九年，宰杀了数千头牛，但刀口还是像刚刚磨过一样锋利。因为牛的骨节都有空隙，而刀刃很薄，薄薄的刀刃足够插入牛骨之间的缝隙，所以我的刀始终都像是刚刚磨过一样。可是有时候，我还是会遇到有筋骨的地方，这时候我就会非常小心，集中注意力，放慢速度，刀子轻轻一动，牛的骨头和皮肉就分开了。"

——选自《国学典藏》丛书编委会：《文字上的中国：寓言》，北京，中国铁道出版社，2019。

庖丁能有如此高超的解牛技术，缘于他对牛的身体构造的了然于胸，缘于他十九年之中解数千头牛的埋头苦干，更缘于他踏着节拍、挥刀如舞、追求极致、乐在其中的工作态度。庖丁本是一个普通的厨师，却被人千古传颂，不是他职业有多伟大，而是庖丁这种不断反复实践、不断探索、精益求精的工匠精神值得歌颂。作为未来的准职业人，要想在平凡的岗位创造不平凡的事业，就应该从现在开始，把这种工匠精神贯穿到自己的学习生活中，注入自己的血液里，为自己的职业梦想而努力。

职场加油站 ≫

◆ 工匠精神的含义

工匠精神是指人们不断雕琢自己的产品，改善自己的工艺，对产品品质追求完美和极致，对精品有着执着的坚持和追求的一种精神品质。工匠精神是一种职业精神，它是职业道德、职业能力、职业品质的体现，是从业者的一种职业价值取向和行为表现。

工匠精神的内容

1. 尊师重道——工匠精神的起源

尊师重道是工匠精神的起源。尊师的本质就是尊重技艺、遵守职业操守。重道就是尊重规律，唯有尊重规律、运用规律才能成长为合格的工匠。庖丁解牛就是因为他熟悉牛的骨骼结构，刀刃游走于骨骼之间，才能轻松解牛。尊重技艺、遵守职业操守、尊重规律是工匠成长的必经路径，也是工匠精神的起源。

2. 爱岗敬业——工匠精神的基础

爱岗敬业要求做到感性上热爱自己的岗位，理性上认识到自己职业的价值，客观上恭谦谨慎地对待自己的职业。爱岗敬业是工匠精神的基础。唯有打牢基础，工匠精神才能绽放出耀眼的光彩。

3. 精益求精——工匠精神的表现

精益求精的工匠精神主要源于工匠自身长期的技术实践积累和对技术技艺的理性思索，对前人的发明创造或技艺进行改良式的创新，以得到"青出于蓝而胜于蓝"的技术制品或技术服务。精益求精的工匠精神体现了工匠对高品质创造与服务的追求，体现了工匠对消费者高度负责的精神，体现了工匠对生产技术和服务工艺永不满足的追求。

4. 求实创新——工匠精神的灵魂

求实创新彰显工匠精神的时代气息。求实就是讲究实际，实事求是。创新指永不满足，与时俱进，追求新高。工匠们来自生产与服务的第一线，是脚踏大地的技术技能劳动者，唯有生产实践的过程中"求实"，洞悉客户需求，掌握生产技艺，遵守生产规律，才能生产出合格的产品。求实是创新的基础，创新是求实的体现，求实创新是工匠精神的灵魂。

——选自毛健，李名奇主编：《大学人文基础》，重庆，重庆大学出版社，2017。

◦▸ 培育工匠精神的意义

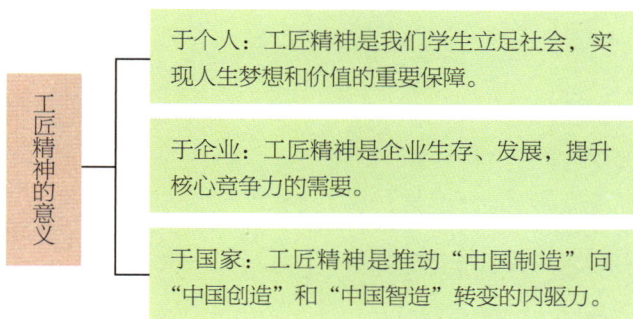

图 4-5

◦▸ 培育工匠精神的方法

1. 重视专业教学

工匠精神可以从专业教学中获得。在专业教学过程中，要分析本专业对应的职业岗位应具备的职业精神，然后将其融入专业学习的目标之中，使自己具备爱岗敬业、诚实守信等专业岗位的基本职业素质。同时，在专业学习中，再结合专业特点，将工匠精神渗透其中，使自己在潜移默化中感受工匠精神，逐渐认识到工匠精神在提升自己专业能力和专业水平中的作用，为自己成功转化为职业人做好必要准备。

2. 强化校内外实践

职业精神往往要通过实践才能内化为从业者的职业素质。首先要花充足的时间和精力，来完成校内实训，让理论与实践有机结合，实现互相促进、完美结合。其次我们要积极参加学校组织的校企合作、顶岗实习等形式的校外实践。这样就能在企业实习期间感受良好的企业文化，且在企业师父言传身教的过程中感受并学习工匠精神，为实现自己的"大国工匠"梦打下坚实的基础。

3. 注重榜样示范

榜样示范指通过他人的模范行为以及优秀思想来影响我们，从而帮助我们培养工匠精神。首先利用榜样和先行者的实践来增加信心，其次寻找我们身边的榜样，循着他们的足迹，培养自己的工匠精神。

职场活动亭 »

讲一讲

阅读"职场启迪堂"的故事，并讲一讲：

1. 除了庖丁外，你还知道哪些著名的工匠？

2. 这些工匠们技术高超的原因是什么？

3. 说说自己理解的工匠精神是什么？

议一议

阅读"职场放松屋"中的故事，分小组讨论：

1. 宋彪从入门新手成了大国工匠，他做出了哪些努力？

2. 在宋彪的身上体现了哪些工匠精神？

看一看

请在央视网上搜索视频"大国工匠 2018 年度人物颁奖典礼"。其中，陈行行在激光器与核武器精密加工方面获得"大国工匠"荣誉称号。

1. 年仅 29 岁技师学院毕业的陈行行获得成功，成为大国工匠，对个人、对社会乃至国家有什么意义？

2. 循着陈行行的成才之路，结合自身实际，为了成为能工巧匠实现职业梦想，从现在开始，我们可以怎么做？

3. 将小组讨论结果记录在纸上，向全班展示分享。

玩一玩

玩家攻略

1. 主题：搭纸塔。

2. 准备：A4 纸每组若干张，彩色笔、剪刀、直尺、胶水等。

3. 时间：8分钟。

4. 规则：

（1）全班分成若干小组，每组4~6人，选出一名组长。

（2）每组各推荐一名同学担任裁判。裁判主要负责计时，并对其他小组作品进行评判。

（3）教师向每个小组组长讲明比赛规则以及搭纸塔的要求。

（4）搭建完成后，小组派成员进行展示和演讲，重点要介绍小组是如何去操作的。

（5）评判标准：在规定的时间内搭好纸塔，纸塔又高又牢固且美观为胜。胜者为"明星工匠"小组。

5. 搭纸塔要求：

（1）塔的形状是上窄下宽的三角形，每一层的三角形可用胶带固定住，且底座要大；

（2）可在搭纸塔的纸上精心绘制花纹增加美观度；

（3）组员明确分工（如谁做记录、谁监督、谁操作、谁准备材料、谁组装、谁画画、谁裁剪等），互相配合完成。

图4-6

说一说

1. 你认为"明星工匠"小组成功的秘诀是什么？

2. 结合"职场加油站"的内容，你认为他们身上体现了哪些工匠精神？

找一找

1. 请你根据自己的观察，找出你身边的小工匠。

2. 你为什么认为他（她）是你心目中的"小工匠"？

3. 请"小工匠"们介绍自己是如何成为同学们心中的小工匠的。

填一填

1. 请根据工匠精神的内容，结合自身所学专业，填写"职场通关廊"的表格，并在以后的学习和工作中努力去践行。

2. 分享填写后的感受和发现。

职场放松屋 >>

常州技师学院机械系学生宋彪 2018 年获得省政府奖励 80 万元，并被授予"江苏大国工匠"荣誉称号。

在 2017 年 10 月结束的第 44 届世界技能大赛上，首次参赛的宋彪获得工业机械装调项目金牌，并因在所有选手中得分最高获得大赛唯一最高奖——阿尔伯特·维达尔奖。这是中国选手首次获得该项大奖。回国后，宋彪及其教练团队受到国务院总理的亲切接见，并受到国家人力资源和社会保障部表彰。

如今的宋彪，已经成为校园"明星"，走在路上常有人要求合影，还有校外"粉丝"专程赶到常州技师学院，只为看看宋彪长啥样。面对荣誉，宋彪很是淡然："我只是在参赛中执行教练部署，尽量把平时训练水平发挥出来。"

曾经，他是一名中考失利的农村学生。宋彪是安徽怀远沌河乡邵楼村人。"那时自己年龄小、贪玩。我初一成绩还可以，到了初二就有些贪玩网游，升初三时意识到不能玩了，但是成绩已经跟不上了。"他的中考成绩不太理想，最终选择了技校之路。

刚到常州技师学院读书时，宋彪学得有些吃力。为弥补差距，他总是比别人多学两小时。比赛训练时，宋彪也不是最被看好的一个。提到刚进学校时的情况，他说："理论知识不是很理解，一些操作动作领悟起来也有点慢。我就多向学长请教，自己课后再多补一点，在课余时间还和老师在车间里学习操作。"为了刻苦钻研技能，之前喜欢的网游，已经完全不玩，连手游玩得都很少。第一次参加技能比赛，比赛内容超过所学，于是他利用半个多月时间跟老师补课，包括课余时间和礼拜天。为了准备世界技能大赛，他放弃暑假休息，顶着 40℃的高温在车间苦练，没有一句怨言。

拿不好笔杆子，就拿好工具。因为喜欢，宋彪在课余时间，常守在车间琢磨产品设计。在宋彪看来："做完一个零件拿去评分，做到 75% 的合格率，可能就算是好的，但是应该把它提高，提升到 95%～99%，甚至到 100% 的一个精确度，这样才能使一个零件在部件的组装中更好使用。"宋彪认为，现在的年轻人不只有上大学一条路，技能成才的案例也很多。技校的操作多一点，要勤学苦练，才能很好地掌握。不管走哪条路，自身努力是很重要的。

他将自己的经历寄语同龄人："三百六十行，行行出状元。考大学不是唯一的出路，找到自己的兴趣点。拥有精湛的技能，一样可以让生命熠熠生辉。"

——《21 岁"大国工匠"获评"江苏最美青年"》，人民网，http://edu.people.com.cn/GB/n1/2019/0430/cl053-31059374.html，2019-04-30。引用时有改动。

┣ ▌职场通关廊 >>

请你根据工匠精神的内容，结合自身实际和所学专业的要求，填写以下表格。

工匠精神内容	具体表现	自我评价（0—10 分评分）	改进措施
尊师重道			
爱岗敬业			
精益求精			
求实创新			

🌲 ▌职场心·愿树 >>

亲爱的同学，通过上面的学习，相信你对工匠精神有了一定的了解，也知道了本专业的大国工匠有哪些。其中你最喜欢的是谁呢？你期望自己将来能成为哪方面的工匠呢？请把你的想法写在下面吧。

职场拾贝苑 >>

亲爱的同学，请将你在本节课学习、活动中的收获、体会和成长记录下来哦！

收获：_____

_____

体会：_____

_____

成长：_____

_____

第四单元 >> 躬身实践

职场启迪堂 »

[清] 著名医学家 王清任

《黄帝内经》中对人体脏腑的位置、大小和重量的描述并不确切。

图1-1

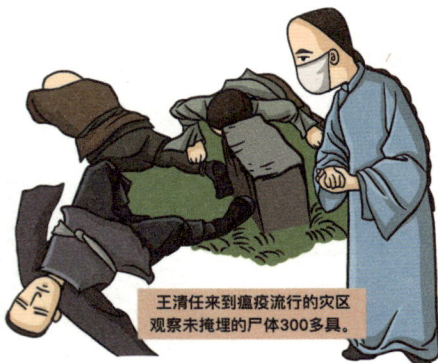

王清任来到瘟疫流行的灾区观察未掩埋的尸体300多具。

图1-2

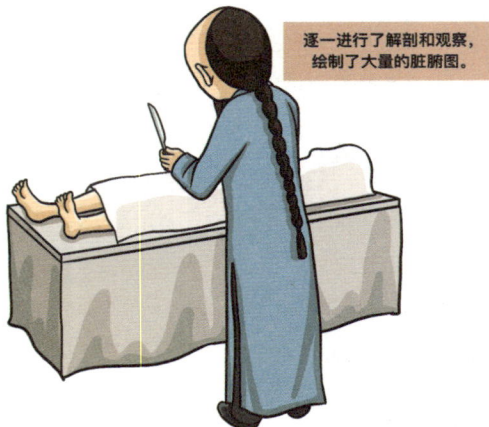

逐一进行了解剖和观察，绘制了大量的脏腑图。

图1-3

王清任修正了《黄帝内经》中的有关脏腑的错误，写成了《医林改错》一书，并附上了25幅人体结构图。

图1-4

　　王清任是我国清代著名医学家，其心得之作是《医林改错》。书中既有他从事解剖实践和医事活动的笔记式记录，又有他临床实践和诊疗经验的病案式总结，还有他谈医论道和评古说今的书评式叙述，凝结了他一生从事临床医学研究的心得。

　　王清任一生读了大量医书，他在研究《黄帝内经》时，发现书中错误不少：书中对人体脏腑的位置、大小和重量的描述并不确切。他认为："著书不明脏腑，岂不是痴人说梦；治病不明脏腑，何异于盲子夜行。"所以，他决心修正其中关于人体结构的部分，但是没有解剖用的尸体却成为困扰他的一大难题。当时，他曾在瘟疫流行的灾区观察未掩埋的尸体300多具，逐一进行了解剖和观察，绘制了大量的脏腑图。

王清任修正了《黄帝内经》中的有关脏腑的错误，写成了《医林改错》一书，并附上了25幅人体结构图。他在一些领域里把祖国医学的理论和实践推向了一个新阶段。

——温长路：《王清任对〈黄帝内经〉的继承和发挥》，载《河南中医》，2002（1）。

认识事物、掌握知识以后，终归要落实于实践。勤于实践、亲自动手是我们将书本知识转化为实践行动最为重要的态度。

职场加油站 ≫

◈ 实践的含义

实践是人类能动地探索和改变世界一切客观物质的社会性活动。

◈ 实践的基本形式

1. 生产实践

生产实践是处理人类和自然关系的实践活动，是人类社会生存和发展的基础，是决定其他一切活动的最基本的实践活动。

2. 处理社会关系的实践

人们在生产实践中必然会产生人与人的关系，为了改造与探索自然更加顺利，必须处理和调节人与人之间的社会关系。

3. 科学实验

科学实验是指在科学研究中检验某一理论或假设而进行的操作和活动。它是一种常识性、探索性、学习性的社会实践。

4. 社会调查

社会调查是实践的一种重要方式，是帮助我们进行决策的重要手段。

▶ 认识与实践的关系

认识和实践的关系是对立又统一的。一方面，认识来源于实践，为实践服务，并且受实践的检验，在实践中不断地发展；另一方面，在实践中得到的感性认识有待于上升为理性认识，理论一旦产生，又对实践起巨大的指导作用。

对于中职学生来说，在实践之前我们需要积累充足的知识、具备相应的能力。在实践的过程中检测已有认知，同时我们更需要听取别人的建议，时刻进行自我反思与总结。实践是检验真理的唯一标准。

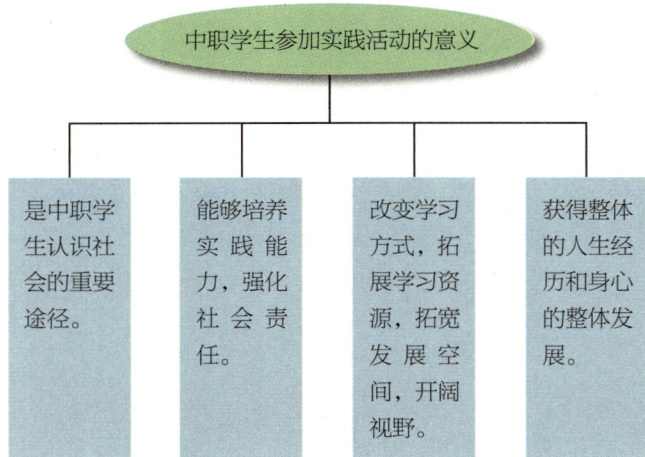

图 1-5

▶ 中职生实践活动的基本形式

1. 专业实训

专业实训指通过模拟实际工作环境，采用来自真实工作项目的实际案例，以理论结合实践为主要特点的一种实践形式。强调学生的参与式学习，能够在最短时间内使学生在专业技能、实践经验、工作方法、团队合作等多方面得到提高。

2. 社区服务与社会实践

社区服务与社会实践指学生走出教室，参与社区和社会实践活动，以获得直接经验、发展实践能力、增强社会责任感为主旨的学习领域。

➔ 实践活动的准备

1. 心理准备

从获得书本知识到进行实践的过程中，会出现许多意想不到的状况和难题，许多情况和以往的认知会有很大的不同，如何面对和调试自己在实践中的心态就显得非常重要。我们必须在进入实践场域之前更多地了解和认识自我，重新澄清自己对实践活动的需要和期望，也对可能出现的困难和问题有一个准确的估计和恰当的心理准备，真正把实践活动视为了解社会、培养能力、增长才干、服务社会的好机会。

2. 知识准备

在进行实践之前，我们必须对实践活动相关的知识做好足够的准备。如掌握基础知识，巩固专业知识，学习社会交往知识，了解相关时事政策、法律法规，等等。

3. 能力准备

为了更好地开展实践，我们更要注重自身能力的提升。把建立合理的知识结构、培养科学的思维方式和锻炼较强的实际工作能力统一起来。如口头表达的能力、独立思考的能力、创新与发现的能力、组织管理的能力、应对困难与危机的能力等。当然，实践的过程中正好也可以拓展和强化相应能力。

4. 组织准备

组织准备是实践活动能够按计划有序开展的关键。其中包括制订具体的实施计划，统筹安排必要的纪律措施和规章制度、人员分工等。

5. 物质准备

物质准备是实践活动得以进行的基础保障。在实践前要做好相关物品的充分准备。

6. 身体准备

健康的身体是开展实践的基础，没有好的身体就不可能精神饱满、全身心地投入实践中去。所以在实践之前我们要对自己的身体进行全方位的调节和准备，同时也要有计划有准备地开展一些健身活动。

职场活动亭 》》

猜一猜

平时我们喝饮料的吸管很软，轻轻一折就弯了。吸管能够将土豆戳穿吗？为什么？

玩一玩

玩家攻略

1. 游戏主题：吸管戳土豆。

2. 游戏方式：4~6 人为一小组，尝试挑战吸管将土豆戳穿。

3. 游戏准备：每小组土豆一个、吸管两支。

4. 游戏过程：

第一轮：尝试用吸管戳穿土豆。

第二轮：尝试用吸管一次性戳穿土豆。（选做）

5. 注意事项：谨防吸管将手弄伤。

议一议

1. 在游戏之前对"吸管戳穿土豆"是如何想的？

2. 在游戏过程中成功完成挑战了吗？怎么做的？

3. 有没有可能用吸管一次性戳穿土豆？

游戏原理
（建议游戏结束后看）

4. 这个游戏带给你怎样的启示? 用一句话写出获得的启示。

_____

谈一谈

1. 看看"职场放松屋"漫画《该放糖还是放菜?》,说说你从中看出了什么?

2. 结合两个活动,谈谈认识和实践有什么关系?

比一比

分小组完成下面的比赛并在组内分享感受。

◆▶ **赛事一**

1. 你都参加过什么实践活动? 能把这些活动进行归类吗? 限时 5 分钟填表,比一比哪个小组写得更多、归纳得更准确。

实践活动	归类
1. 2. 3. 4. …	

2. 到"职场加油站"找找实践活动的基本形式,看看你都参加了哪些形式的实践?

3. 在上面的实践活动中,你从中收获了什么? 你认为参加实践活动,对你有什么意义呢?

4. 你知道中职生实践活动主要有哪些形式吗? 请去"职场加油站"看看吧。

◆ 赛事二

1. 分析案例中小华和小张为什么面对实践活动会有不同的表现？

案例一：　　小华　　女　　中职二年级学生

我准备去实习了，虽然在学校里学习了一定的专业知识，但是我之前完全没有实习的经验。我很慌乱，我不知道怎么应对实习工作，也不知道自己能够做什么。在实习单位应该怎么做？怎么处理好人际关系？我心里每天都担心实习的事情，但根本不想离开学校。我已经连续几天都在追剧，一起床就看剧，一看就一整天。我要怎么办？

案例二：　　小张　　男　　中职一年级学生

这是我的第一份社会实践活动——派发传单，我好兴奋啊！虽然我没有这方面的经验，但是谁没有第一次呢？通过这次活动我不仅可以增强对社会的了解和感悟，而且可以加强与人沟通的能力，这些都是我比较缺乏的。最重要的是，我还可以收获我人生的第一桶金！

2. 想一想在实践活动开始前我们需要进行哪些准备？比一比看哪个小组写得最全面。

_____　　_____

_____　　_____

∴ 做一做

1. 如果你在家长的帮助和支持下，利用周末或者假期开展一项实践活动，你已经做好了哪些实践的准备？请到"职场通关廊"去涂一涂吧。

2. 你还需要做好哪些准备？请到"职场心愿树"填一填。

3. 结合"职场拾贝苑"分享收获与体会。

职场放松屋 >>

>> 该放糖还是放菜?

图 1-6

职场通关廊 >>

实践是使一个人快速成长的最佳方式。在即将开始实践前,你认为你的优势在哪里?你做好准备了吗?请把符合你自身情况的选项涂上喜欢的颜色。

充足的知识储备   较好的规则意识   积极向上的心态

较强的动手能力　　　　灵活的头脑　　　　良好的品质

  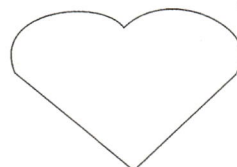

健康的身体　　　极佳的口头表达能力　　　顽强的拼搏精神

其他 ☐　　　☐　　　☐

职场心·愿树 »

　　亲爱的同学，结合"职场通关廊"中对于自身情况的分析，为了更好地面对实践，你还需要在哪些方面做好准备呢？请把你的想法写在下面吧。

职场拾贝苑 »

亲爱的同学，请将你在本节课学习、活动中的收获、体会和成长记录下来哦！

收获：_____

_____

体会：_____

_____

成长：_____

_____

职场启迪堂 》

安启龙，"安心行动"创始人之一，从贵州农村考上大学。

图2-1

大学期间，他参加各种社会实践，比如送水队、家教、校庆志愿者、超市收银员等20多种社会实践项目。

图2-2

他连续两年暑假发起支教活动，组织华东师范大学各专业的学生前往贵州进行支教。

图2-3

在大三时，他发起民间助学组织"安心行动"，联系众多爱心人士资助贫困学生、帮助患病儿童、捐赠体育设施等。

图2-4

毕业回贵州工作以后，他依然坚持着"安心行动"，同时还进行了深入的实地调查，开展了多项针对贵州教育发展状况的调研项目。

图2-5

安启龙在大学期间进行的支教活动，让他对教育多了一份认识和感悟，提升了教学能力和工作能力，坚定了从事教育事业的决心，丰富了社会经历；其他的兼职工作也不断地促进他的社会交往能力，并使其工作能力得到提升。

图2-6

安启龙，"安心行动"创始人之一，从贵州农村考上大学来到华东师范大学。他在大学期间，参加各种社会实践，比如送水队、家教、校庆志愿者、超市收银员等 20 多种社会实践项目，他的同学说总会在不同的地方碰到安启龙在工作。他在大学期间，连续两年暑假发起支教活动，组织华东师范大学各专业的学生前往贵州进行支教。在大三时，他发起民间助学组织"安心行动"，联系众多爱心人士资助贫困学生、帮助患病儿童、捐赠体育设施等。在毕业回到贵州工作以后，他依然坚持着"安心行动"。同时，他还进行了深入的实地调查，开展了多项针对贵州教育发展状况的调研项目。通过学习和社会实践，他从专业角度帮助家乡教育发展。

安启龙在大学期间进行的支教活动，让他对教育多了一份认识和感悟，提升了教学能力和工作能力，坚定了从事教育事业的决心，丰富了社会经历；其他的兼职工作也不断地促进他的社会交往能力和工作能力的提升。

——参见《90后老师安启龙的公益故事》，新浪网，http://gz.sina.com.cn/news/2018-10-25/detail-ifxeuwws7863505.shtml?from=gz_chxh，2018-10-25。引用时有改动。

也许我们不会进行这么多的社会实践，但是毋庸置疑，社会实践能带给我们的收获是显而易见的，能够帮助我们增识赋能。

职场加油站 》》

◆ 社会实践的主要类型

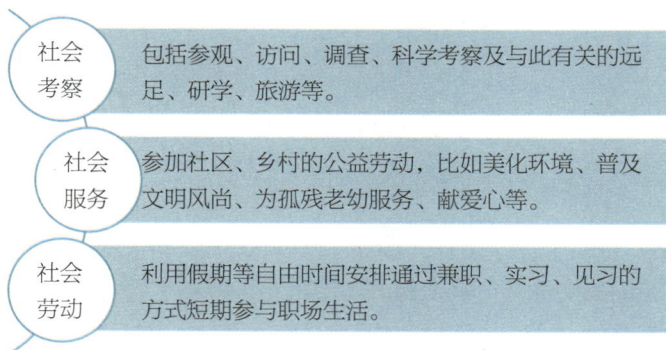

社会考察	包括参观、访问、调查、科学考察及与此有关的远足、研学、旅游等。
社会服务	参加社区、乡村的公益劳动，比如美化环境、普及文明风尚、为孤残老幼服务、献爱心等。
社会劳动	利用假期等自由时间安排通过兼职、实习、见习的方式短期参与职场生活。

图 2-7

⟶ 社会实践的意义

1. 提高思想道德素质

无论是哪种类型的社会实践，每一次的实践都能让大家更加深入地了解国情民情，提高思想认识，不断地确定正确的人生观、价值观，全面提高思想道德素质。

2. 加强对社会的认识

我们从小大部分时间都在学校，常常会有学生毕业之后发现自己无法适应这个社会，其中一个重要原因是不了解真实的社会和职场。社会实践能帮助我们不断认识社会，有利于今后迅速适应社会。

3. 加深对自我的认识

学校生活主要是学习，繁重的学习任务让我们没有精力去认识自己是什么样的人，我能做什么样的事情，我未来想要做什么。而社会实践可以帮助我们认识自我，为我们即将成为一名"职场人""社会人"做准备。

⟶ 社会实践的准备要点

为了让自己在社会实践中的收获最大化，在决定进行某项社会实践活动前需要思考三个方面的问题。

1. 实践目的

问问自己，为什么要进行这项社会实践？不清楚实践目的，在社会实践过程中，很可能会陷入茫然、不知所措的状态。当进行社会实践之前，清楚这项实践的目的，能帮助我们充满激情地去完成社会实践内容。

2. 工作要求

在实践之前，如果你能清楚了解这项社会实践的工作要求，那么你的行为很可能会符合工作要求，很快适应这份社会实践的工作。

3. 工作内容

了解工作内容能帮助你从行动上做好实践准备。提前了解社会实践的工作内容，能帮助你迅速掌控自己的工作和任务，提高效率。

社会实践的关注要点

任何社会实践都对我们以后的职业发展有很大的帮助，为了让社会实践充满意义，在实践过程中，要尽可能多地去了解一些对自己未来发展有用的信息。

1. 人际关系

众所周知，社会生活离不开人际关系，但是很多"职场菜鸟"会受到人际关系的困扰。社会实践是提前了解社会人际关系、学习人际交往技巧的好机会，在实践过程中多观察、多学习，会让你受益匪浅。

2. 工作内容

实践过程中，你很可能会发现真实工作内容和之前了解的工作内容有一些出入，甚至差异很大。对比差异，可以更清晰地了解未来职业。

3. 行业要求

通过周围人或网络查询了解行业要求，都是纸上谈兵，只有自己进入了这个行业，你才会真实了解到行业具体要求，你才能进行客观的职业准备。

4. 行业发展前景

这一关注点和行业要求的意义是一样的，行业发展前景是未来进行择业准备的考虑要素，所以在实践过程中，多与前辈聊天、多去观察思考，对职业规划能有一定的帮助。

社会实践的总结要点

实践结束之后的总结有非凡的意义。做好总结，有利于了解自我、悦纳自我、做好职业规划、提升自我。在总结过程中，需要关注以下三个方面。

1. 自我收获

了解自己的成长、收获，提升自己的信心。

2. 自我不足

在实践过程中，发现自己的不足可以帮助自己更好地进步。发现不足，可以让自己在职业选择时扬长避短或者改善不足。

3. 发展方向

分析自我收获、自我不足，都是在帮助自己确定发展方向。除此之外，实践中关注点的总结，也在帮助自己确定发展方向。

职场活动亭 »

说一说

1. 阅读"职场启迪堂"的故事，说说安启龙都进行了哪些社会实践？这些社会实践给他带来怎样的成长和帮助？

2. 回忆并讲讲自己参加过的社会实践，分析参加每个社会实践带给自己的收获和成长。

写一写

结合"职场加油站"中社会实践类型，将参加过的社会实践进行分类，完成下表。

参加过的社会实践项目		社会实践类型	社会实践带来的收获与成长

帮一帮

分小组完成以下帮一帮内容：

1. 学前教育专业的小明准备利用假期时间进行社会实践，他看到楼下的某早教机构招聘兼职，于是他准备去。在去之前，小明需要关注哪些问题呢？

2. 小明没有像同学们这么明智，他什么准备也没有就去应聘了，结果发现，招聘的兼职岗位不是早教教师，而是招生顾问。不过小明觉得还是可以挣点零花钱，他还是去进行社会实践了。在实践过程中，小明需要关注哪些问题呢？

3. 假期过去了，小明结束了自己的社会实践。实践结束之后，小明还需要做些什么呢？

析一析

1. 结合"职场加油站"中社会实践的准备要点、过程关注要点、总结要点，选择曾经完成的一次印象深刻的社会实践进行自我分析，分析自己在各个环节做得好的地方，以及还存在的不足之处，将分析结果填在下表中（如果没有经历过社会实践，可以采访同学完成表格）：

准备过程	实践目的	
	工作要求	
	工作内容	
实践过程	人际关系	
	工作内容	
	行业要求	
	行业发展前景	
总结过程	自我收获	
	自我不足	
	发展方向	

2. 分享填写后的发现。

做一做

假期在父母和老师的支持及协助下，计划一次社会实践活动，活动前通过"职场通关廊"社会实践计划书完成实践前的准备吧。

温馨提示：进行社会实践增识赋能固然重要，做好实践中的自我保护更重要哦！

职场放松屋 »

▸ 狄更斯

《大卫·科波菲尔》由英国著名作家狄更斯创作，以第一人称叙述了主人公大卫从幼年到中年的生活历程。狄更斯将每个人物都刻画得活灵活现，这除了与狄更斯的生活经历分不开之外，还跟狄更斯平时注重实践、社会考察有很大关系。狄更斯平时不论刮风下雨，都会去街头观察来来往往的行人，听他们的交流，这给狄更斯的创作提供了不少素材。

狄更斯注重实践，这帮助他在文学事业上取得成功。也许我们不能像他一样在某一领域取得如此让世人瞩目的成就，但是实践的意义对我们普通人来说也不能忽略。注重知识学习的同时，请大家多接触社会，看看社会百态，丰富自己！

职场通关廊 »

请为即将到来的假期计划一次社会实践活动吧！完成实践准备——社会实践计划书。

社会实践计划书			
班级		姓名	
实践时间		实践类型	
实践目的			
预设工作岗位			
应聘须知	工作时间： 工作要求： 工作内容：		
是否胜任及 原因分析			
可能遇到的主客观困 难及应对办法			
可能会有的安全隐患及 防范办法			

职场心·愿树 ≫

亲爱的同学，你还想参加哪些社会实践？还想通过社会实践拓展哪些方面的知识或能力呢？请把你的想法写下来吧。

_____

_____

_____

_____

_____

职场拾贝苑 »

亲爱的同学，请将你在本节课学习、活动中的收获、体会和成长记录下来哦！

收获：_____

_____

体会：_____

_____

成长：_____

_____

职场启迪堂 »

图 3-1

图 3-2

图 3-3

图 3-4

图 3-5

图 3-6

　　一位年事已高，声名远播的名医，带了一名聪颖、勤奋的徒弟。徒弟十分好学，在名医的指点下有所成就。但他想早一点出师，成就一番事业。

　　一天，他终于按捺不住，向名医请教："师父，我如何能早点学成，成为一代宗师呢？"名医早就猜到了徒弟的心思，笑而不答。他把徒弟带到沙丘旁的大树下，树的根部有一个一米深碗口粗的洞，名医给徒弟一根市棍，然后扔了一个球在洞中。他对徒弟说："你用市棍做工具，把铁球取出来，到时便知道答案了。"

　　徒弟左弄右弄，忙乎了半天，可谓绞尽脑汁，却根本无法取出铁球。在确定自己没有办法的情况下，向名医请教。名医微笑着，一边向洞里灌沙子，一边拨动铁球，使铁球不至于被埋起来。灌进去的沙子越来越多，球也在不断升高，最后接近洞口。名医用手取出球。

　　"明白了吗？"名医笑问。

　　徒弟陷入了深思。

　　"徒儿啊，做任何事，都不可以急功近利。只有在生活中多积累经验，多增长知识、才干，到一定程度成功便在眼前了。"名医语重心长地说。

　　"哦，成功在于勤奋的积累。"徒弟恍然大悟。

　　——选自黄杰：《名医的教诲》，载《科海故事博览：百科论坛》，2007（11）。引用时有改动。

　　知识与经验的积累是一个长期的过程，专业实训是步入工作岗位的第一步，要做好准备沉下心去学习。

职场加油站

◆ 专业实训的含义

　　专业实训是通过模仿实际工作环境、实际问题等，有教师参与指导，强调学生参与式学习的一种实践形式。这种实践形式可以让学生对理论知识有更加全面深入的理解，可以提高学生动手能力、实际应用能力和处理问题能力，提升就业竞争力。

❖ 专业实训的意义

1. 专业实训有利于动手能力的提高

工作就是让所学知识"动起来"，不仅要求掌握基本的工作技能，而且要能够将从书本中得到的知识转换成实践的内容。而动手能力又来源于实训活动，只能采用实践活动的方式，用行为表现力来完成。专业实训，可以将知识性的学习转变为实践性的学习，运用专业书籍中的知识来帮助解决工作中的问题。让实训者能在日后工作中举一反三，对知识有更高的领悟和实践能力。专业实训还能让实训者对工作环境提前熟悉，能够增强其在行业中的竞争力，在应聘时也能游刃有余，给面试官留下好的印象，在应聘者中脱颖而出。

2. 专业实训有利于敬业精神的培养

实践出真知，实践出真情。专业实训要求培养良好的工作精神， 也就是敬业精神。每个行业都有各自的不易，或者是环境艰难，又或是工作繁重。如果没有提前去感受这种工作氛围，那么很可能一时间无法适应工作节奏，甚至会对工作产生排斥感。实训场景的布置更接近于目标岗位的布置，这样可以让实训者提前感受工作的氛围，调整工作的心情，能够从中吸取更多的工作力量和精神。实训活动，对实训者来说是一次身心的锻炼，能够助其养成良好的工作习惯，成为日后工作中的佼佼者。

3. 专业实训有利于职业素养的熏陶

职业素养是工作时的素质表现，主要表现为工作技巧、工作水平、 工作态度三个方面。职业素养在工作当中，表现为对工作的坚持，对工作能力的逐渐提高，对自身的严格要求等。专业实训利用一切实践空间，发挥专业特点，让实训者提升自身的专业素养。专业实训可以考察实训者专业的临场应变能力、工作特定情况的处理能力等。专业实训的真实环境能够帮助实训者提前积累一些工作技巧，提高工作水平，端正工作态度， 从而达到职业素养的提高。

4. 专业实训有利于综合能力的提升

专业知识的学习是有限的，但是工作中所需的专业知识是无限的。专业实训不仅涵盖对书本知识的使用，而且让实训者获得在实践中思考的机会，能够学会自我反思。专业实训能培养实训者理解新知识、应用旧知识的能力，实现"知行合一"。专业实训可以促进实训者自我反思以及总结能力的提升，将学习作为自己职业生涯的重要推力，从而积累提高学习成果，并完成自我能力的升华。

5. 专业实训有利于工作习惯的养成

人是工作过程中的重要元素，因此，人的工作习惯很大程度上决定了工作安全性和品质。一个实训室会对应一个或一类企业岗位，在制定实训室管理制度与实训项目考核标准时，将相应岗位的行为规范融入其中。实训者严格按照专业实训的规则操作能养成良好的工作习惯。

◆ 专业实训的分类

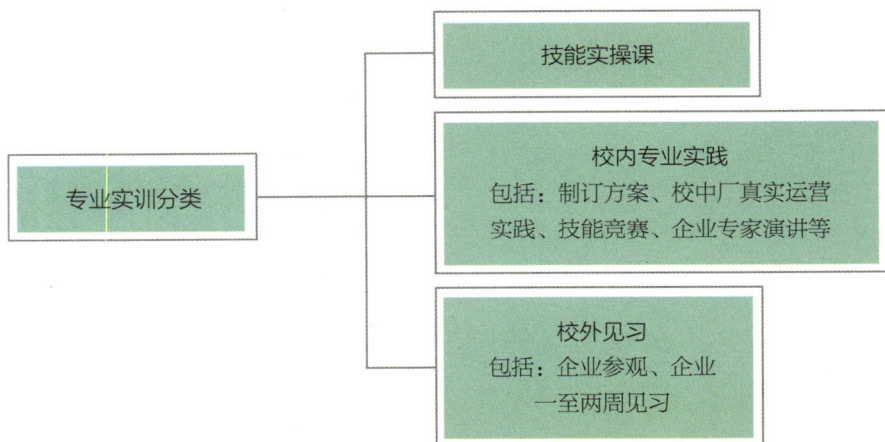

技能实操课

专业实训分类

校内专业实践
包括：制订方案、校中厂真实运营
实践、技能竞赛、企业专家演讲等

校外见习
包括：企业参观、企业
一至两周见习

图 3-7

◆ 专业实训三步走

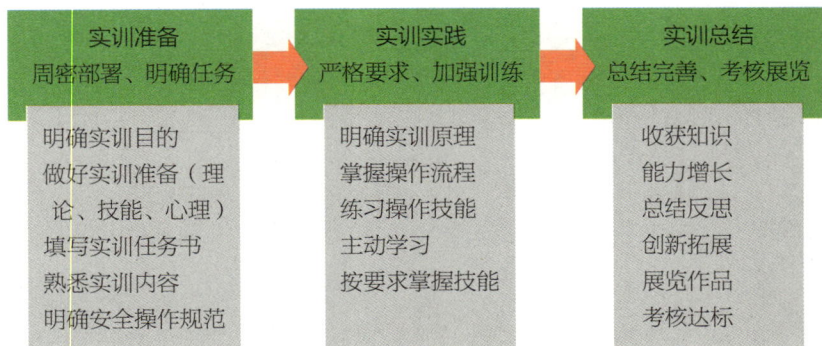

实训准备 周密部署、明确任务	实训实践 严格要求、加强训练	实训总结 总结完善、考核展览
明确实训目的 做好实训准备（理论、技能、心理） 填写实训任务书 熟悉实训内容 明确安全操作规范	明确实训原理 掌握操作流程 练习操作技能 主动学习 按要求掌握技能	收获知识 能力增长 总结反思 创新拓展 展览作品 考核达标

图 3-8

❖ 专业实训的常见误区

1. 贪新鲜，实训时心态浮躁

因为以前只是从书本上学到理论知识，落到实际操作中非常新鲜、好奇。刚开始很认真，但是时间一久，新鲜感一过，就放松下来，出现"坐不住"和"做不久"。

2. 贪舒适，不主动适应岗位要求

认为实训时间仍然像上课，跟不上连续工作3小时以上而中途不休息的节奏，缺少一线工作的耐性，无法忍受机械枯燥的工作。没有把生产实训看作磨炼自己的好机会，只是以走过场的心态看待专业实训，以旁观者的心理对待专业实训。

3. 贪功利，不能接受指正与批评

在专业实训中讲条件，希望能快速了解社会和熟悉岗位，不愿意认真磨炼技能。面对实训教师的指正，不接受，产生倦怠和抵触等消极心理。

❖ 专业实训的打开方式

1. 调整认知，明确专业实训的目的

提高对专业实训的认知，认识到专业实训是培养技术技能的重要途径。在专业实训中，让理论和实践相融合，驾驭本专业所学的技能，掌握思考和解决问题的方式方法。

2. 调正态度，培养职业意识和职业精神

用积极的态度对待专业实训，明确专业实训是培养职业习惯、形成职业意识的重要契机。主动适应专业实训的要求，在专业实训中培养责任心和吃苦耐劳的精神，培养敬业、合作的精神。

3. 调整心态，及时倾诉排解不良情绪

对专业实训过程中可能出现的困难和情绪有预先的准备，不畏困难，将困难作为成长基石，迎难而上提升自己。对难以释放的困惑和压力，要学会主动寻求帮助，及时宣泄、调节。

职场活动亭 »

读一读

阅读"职场启迪堂"的故事,分享收获和感受。

说一说

小王是酒店专业的学生,要去参加专业实训啦,他心情无比开心又有些忐忑,到底为什么要进行专业实训呢?

1. 搜索辽宁电视台栏目"第1时间"关于辽宁经济管理干部学校跻身全国院校就业服务 50 强的新闻——《高就业怎样练成,实训从校园开始》,帮小王找找进行专业实训的原因吧。

_____

_____

_____

2. 根据新闻,再结合自己的感受,说说要进行专业实训的原因还有哪些?

_____

_____

_____

玩一玩

1. 主题:逢 3。

2. 规则:

(1) 以分组竞赛形式进行,6~8 人为一组。

(2) 从第一个人开始轮流报数,每逢报 3 及 3 的倍数的人大声说出自己猜测的一个专业实训的内容,填在下表中,看哪组说得最快、最多。

(3) 在小组内讨论,对猜测出的专业实训的内容进行分类,试着对专业内容和专业分类进行连线,并说一说这样分的原因。

（4）下课后，各小组可以派代表去找专业课老师询问本组在课堂上猜想的专业实训内容正确与否，并进行修正。

我猜测的专业 实训内容	专业实训分类	询问老师后的专业 实训内容	咨询老师后的专业 实训分类
1. 2. 3. 4. …			

连一连

小王已经了解了专业实训的原因，也大概知道了专业实训的内容，但他还不知道如何开始。

1. 请帮他想一想，并对下面内容进行连线。

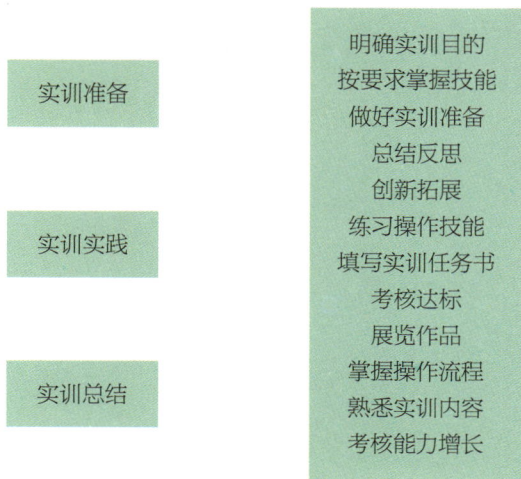

实训准备

实训实践

实训总结

明确实训目的
按要求掌握技能
做好实训准备
总结反思
创新拓展
练习操作技能
填写实训任务书
考核达标
展览作品
掌握操作流程
熟悉实训内容
考核能力增长

图 3-9

2. 到"职场加油站"看看"实训三步走"具体是怎么安排的吧。

议一议

1. 阅读"职场通关廊"中小王专业实训经历的案例。

2. 分小组研讨案例后的问题。

3. 记录汇总研讨结果并进行全班交流。

想一想

1. 阅读"职场放松屋"中的故事。

2. 想想如果自己在专业实训中遇到了困难和问题，应该用怎样的心态来面对和解决？

填一填

在参与专业实训前，请填写下面的专业实训准备书，完成实训前的准备吧。

专业实训准备书

班级		学号		姓名	
实训项目					
想在实训中取得的收获					
实训前的准备	理论准备：				
	技能准备：				
	心理准备：				
是否胜任及原因分析					
可能遇到的主客观困难及应对办法					
如何保证自己在实训中收获真本领					

职场放松屋 >>

一头驴子掉进了一口枯井，它哀怜地叫喊求救，期待主人把它救出来。驴子的主人召集了数位亲邻出谋划策，还是想不出好的办法搭救驴子。大家最后认定，反正驴子已经老了，况且这口枯井早晚也是要填上的。于是人们拿起铲子，开始填井。当第一铲土落到枯井时，驴子叫得更恐怖了，它显然明白了主人的意图。当又一铲土落到枯井中，驴子出乎意料地安静了。人们发现，此后每一铲土落到它背上的时候，驴子没有哀叫求助和一味地抱怨主人，而是冷静地在做一件令人惊奇的事情，它努力抖落背上的土，踩在脚下，把自己垫高一点。人们不断地把土往枯井里铲，驴子也就不停地抖落身上的土，使自己再升高一点。就这样，驴子慢慢地升到枯井口，在旁人惊奇的目光中，潇洒地走出了枯井。

当我们踏入职场，也会像驴子一样遭遇种种困难挫折，这些困难挫折就如落在我们身上的"泥沙"，然而换个角度看，它们也是一层层成长的垫脚石。

——选自蔡玉明：《走出枯井》，载《科学大观园》，2002（10）。引用时有改动。

职场通关廊 >>

小王在专业实训前认真预习，背熟了所有操作流程、理论知识和安全须知，也与实训小组一起制订了详细的实训方案。

开始实训时，他每天都很认真地听老师讲解，认真按流程操作。

慢慢地，每天都重复相同的内容让小王失去了新鲜感，觉得老师讲解和操作的都是老生常谈，没有新意，认为实训课应该上更高深的内容。所以不再认真操作，在老师没看到的情况下私自减少操作流程，遇到问题不主动与老师、同学沟通请教。

实训小组长提醒他认真填写每天的实训记录，并且与组员进行交流反思。他不完成，还跟其他同学说："没有必要那么认真吧，又不是真的上班，每天都做一样的内容，有什么好反思的！"

1. 预测一下小王的实训结果，为什么会有这样的预测？

2. 小王在实训过程中，有哪些认识、心态和行为上的误区？

3. 你可以给小王怎样的建议，帮助小王走出这些误区？

职场心·愿树 »

你将从哪些方面让自己的实训质量提高呢？ 请写下来吧。

职场拾贝苑 ≫

亲爱的同学，请将你在本节课学习、活动中的收获、体会和成长记录下来哦！

收获：_____

_____

体会：_____

_____

成长：_____

_____

职场启迪堂 》》

图 4-1

图 4-2

图 4-3

图 4-4

图 4-5

图 4-6

赵括是战国时赵国名将赵奢的儿子，从小就学习兵法，谈起用兵打仗的事，认为天下没有人能比得上自己。赵括曾经和他父亲赵奢谈论用兵，赵奢都说不过他，但是赵奢并不认为他真的能行。赵括的母亲问其缘故，赵奢回答说："战争是生死存亡的大事，但赵括说得太轻松容易了。假如让他当将领，赵国一定大败。"

赵惠文王去世后，他的儿子赵孝成王继位。赵孝成王七年，秦军和赵军在长平对峙，展开了关系两国命运的决战。赵军数次战败后，老将廉颇采取坚守不战的策略，秦军无计可施，于是派人去赵国散布谣言，说秦国只怕赵括担任将军。赵孝成王信以为真，让赵括代替廉颇为将。蔺相如说："大王凭借名声使用赵括，就像用胶粘住瑟上的弦柱再来弹奏瑟一样，固执拘泥，不知变通。赵括只会读他父亲留下来的兵书，不懂得随机应变。"赵王不听，仍然任命赵括为将。

赵括代替廉颇后，撤换军官，改变原来的号令纪律和对策。秦将白起佯装败退，出奇制胜地截断赵军的粮道，把赵军分割为两部分。赵括亲自带领精锐部队和秦军交战，被秦军射死，赵军大败。剩下的几十万赵军投降后被秦军全部活埋。此后几年之内赵国都处于亡国的危险边缘。

——选自王彤伟主编：《传统文化经典读本：成语》，成都，四川辞书出版社，2018。

熟读兵法的赵括，谈论起用兵打仗无人能及，但是由于缺乏实战经验，并不能运用兵法解决实际问题。我们在学校学习了很多的知识与技能，而专业实习，正是我们运用所学知识与技能解决实际问题的好机会。你准备好了吗？

职场加油站 ≫

◆ 专业实习的含义

实习，即在实践中学习。专业实习是指与专业相关的各种实践学习活动，是将理论与实践较好地结合起来，深入社会，了解本专业各种相关信息的活动，是利用自己所学的各种专业知识去处理在实际工作中遇到的问题，巩固和深化所学的理论知识，扩大专业知识面，提高分析问题和解决问题的综合能力，为以后工作打下良好基础的活动。

❖ 专业实习的类型

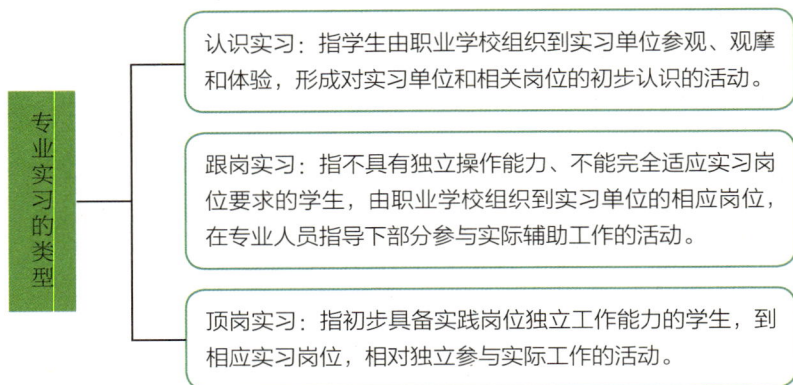

```
专业实习的类型 ┬─ 认识实习：指学生由职业学校组织到实习单位参观、观摩
              │   和体验，形成对实习单位和相关岗位的初步认识的活动。
              │
              ├─ 跟岗实习：指不具有独立操作能力、不能完全适应实习岗
              │   位要求的学生，由职业学校组织到实习单位的相应岗位，
              │   在专业人员指导下部分参与实际辅助工作的活动。
              │
              └─ 顶岗实习：指初步具备实践岗位独立工作能力的学生，到
                  相应实习岗位，相对独立参与实际工作的活动。
```

图 4-7

❖ 专业实习的意义

1. 有利于明确学习目标，提升学习兴趣

从学生到职业人，需要一个过渡期，而专业实习就是这样一个过渡期。通过专业实习的所见、所闻、所触和所感，体会到书本知识在分析和解决实际问题中所发挥的重要作用，真正感悟到学以致用的重要性，同时也感受到社会对职业的具体要求，从而明确学习目的，提升学习兴趣。

2. 有利于增强岗位意识，提升综合职业能力

每个岗位都有它特有的作用，用人单位很注重"干一行，爱一行，专一行"的责任意识。增强这种岗位责任是一名员工走向成功的必经之路。要增强岗位责任，就必须深入生产第一线进行脚踏实地的工作，兢兢业业地去做，真刀真枪地锻炼，亲身感受企业的需求。只有这样，才能增强岗位责任意识，培养出科学严谨的工作态度、勤奋务实的工作作风，并把所学的理论知识与工作实践结合起来，提高解决实际问题的能力，全面发展综合职业能力。

3. 有利于丰富工作经验，提高综合素质，提升就业竞争力

专业实习，从一线做起，从基层做起。这不仅仅是一种劳动锻炼，也能通过实践增强工作能力，提升工作中的沟通和适应能力，丰富自己的工作经验。整个实习过程把学

习和工作结合起来，理论与实践结合起来，学校培养与社会或企业的实际需要结合起来，为我们实现顺利就业，提升就业竞争力创造条件。

❖ 专业实习与专业实训的区别

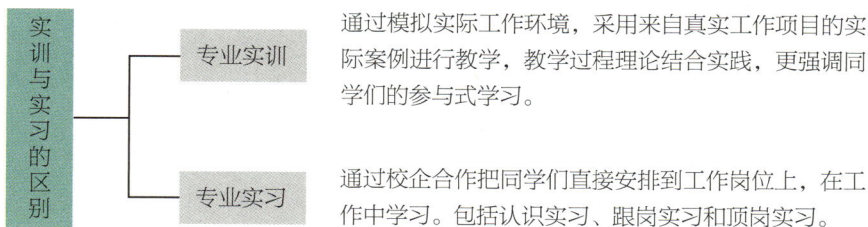

| 实训与实习的区别 | 专业实训 | 通过模拟实际工作环境，采用来自真实工作项目的实际案例进行教学，教学过程理论结合实践，更强调同学们的参与式学习。 |
| | 专业实习 | 通过校企合作把同学们直接安排到工作岗位上，在工作中学习。包括认识实习、跟岗实习和顶岗实习。 |

图 4-8

❖ 专业实习的主要任务

1. 认知实习，了解企业概况

通过企业有关人员介绍、实地参观和资料查阅，了解企业的管理概况、机构设置、人员配备及相关职责；掌握企业生产、经营等方面的基本情况，掌握企业产品、市场的分布；了解企业的有关法规和生产组织结构，学习安全规程。

2. 跟岗实习，提升岗位技能

到企业实习，熟悉实习岗位的操作规范，在真实的工作环境中进行职业规范化训练。熟悉实习岗位的生产过程以及设备工作原理、设备结构和维护管理。将在学校里所学的专业理论知识与生产实际紧密地结合起来，在校内指导教师及企业实习指导教师的指导下，完成预定的岗位学习任务，提升岗位履职能力。

3. 顶岗实习，培养职业素养

通过企业实习，激发学习主动性，培养解决生产实践中实际问题的技术、管理能力，培养社会能力及爱岗敬业精神，从思想上热爱本职工作，树立为事业和企业献身的精神，真正地领悟到现代工程技术人员应具备的质量意识、安全意识、管理意识、市场意识、竞争意识和创新意识等工程素质要求和团结协作的群体精神。

专业实习的基本要求

专业实习的基本要求

明确身份，服从安排。专业实习的学生具有三重身份，既是一名学生，又是一名员工，同时也是一名学徒，要绝对服从企业和学校对专业实习的安排和管理。

尊重他人，明确任务。专业实习前必须明确专业实习的目的与要求，做好专业实习的准备；专业实习期间要尊重企业工作人员和实习指导教师，并按专业实习工作计划要求完成专业实习任务。

注意安全，遵守规章。要有高度的安全防范意识，切实做好安全工作。自觉遵守企业和学校的各项规章制度，切实做到按时作息，不迟到，不早退，不误工，不做损人利己、有损企业形象和学校声誉的事情。

谦虚好学，积极沟通。在专业实习过程中，按照专业实习计划、工作任务和岗位特点，安排好自己的学习、工作和生活。当遇到困难时，谦虚请教他人，有疑问时积极与他人沟通交流，按时、按质、按量完成各项工作任务。

做好记录，总结经验。在专业实习期间，必须按照学校要求，逐日或每周写好实习日记或周记，简明扼要地记载所完成的实习任务和收获及感想，及时总结工作经验，并按规定时间上交实习日记或周记。

图 4-9

职场活动亭

读一读

1. 阅读"职场启迪堂"的故事，说一说赵括为什么会被秦军打败？你从中获得了什么启示？

2. 阅读"职场放松屋"的故事，分小组对以下问题进行讨论，把小组讨论结果记录在下表中，最后进行班级分享。

（1）通过故事，你知道专业实训和专业实习的区别了吗？把下面的活动进行分类吧！

中餐摆台	发动机拆装练习	客房中式铺床训练
技能大赛	参加校园咖啡吧服务	企业文化培训
去幼儿园参观	去影视公司参加动漫制作	素描练习

专业实训	专业实习

（2）结合故事，说一说为什么要进行专业实习？

_____

_____

（3）故事中的"我"在校期间，进行了哪些专业实习？每次专业实习"我"都收获了什么？

专业实习	收获
1. 2. 3. ……	1. 2. 3. ……

（4）结合故事，说一说专业实习的主要任务是什么？

_____

_____

交流完成后，可以去"职场加油站"中"专业实习的意义""专业实习的主要任务"看一看、比一比，自己的回答是否比其更丰富。

帮一帮

1. 阅读"职场通关廊"中小华专业实习的案例。

2. 小组合作，解答案例后的提示问题，帮助小华走出困境。

3. 将小组分析的结果进行全班展示交流。

说一说

面对即将开展的顶岗实习，你有哪些疑惑？

填一填

请上网搜索并观看《职业学校学生实习管理规定》，把你获得的信息填一填。

1. 实习过程中，（　　　　　　）共同管理学生实习。

2. 实习岗位和专业对口吗？（　　　　　）

3. 实习期间，工作时间、报酬是否有保障？（　　　　　）

4. 实习期间，实习单位是否能安排实习生到酒吧工作？（　　　　　）

5. 企业工作岗位是否都是实习生？（　　　　　）

6. 实习期间，安全是否能够得到保障？（　　　　　）

写一写

通过本节课的学习，亲爱的同学，你将采用什么方法来让自己的专业实习更圆满呢？去"职场心愿树"中写一写吧，并与你的同桌聊一聊。

职场放松屋 》》

◆ 我的职中生涯

刚开始，我在职业中学读书的时候，上课除了睡觉就是玩手机，每天无所事事。后来，我的班主任找到我，说："爸爸、妈妈送你到学校是希望你学习一技之长，将来能在社会上谋生。老师观察你很久了，我知道你不是调皮捣蛋的人，但我看你上课总是在睡觉，能告诉老师为什么吗？"我理直气壮地回答道："这个专业是我爸爸让我选的，我根本不知道学这个可以干吗，我也不喜欢。"班主任看了看我，摇了摇头，就让我回去了。

不久，学校组织我们去一个企业参观，我非常不愿意，但是又不得不去。在学校领队老师的带领下，我们来到了企业。企业里的一个员工接待了我们，他先向我们做了自我介绍，然后对我们提了几个要求，就带着我们去参观企业了，一边带我们参观，一边向我们解说。我慢慢地对这个行业有了一些了解，对我现在正在学的专业也有了新的认识。

回学校后，班主任老师让我们记录本次参观的所见、所闻、所感，我居然认认真真地写了上千字。班主任老师又找到我，说："参观后，你有什么感想呀？"我有点害羞地说："今天我看了员工们的工作环境，也知道了我们专业以后可以胜任的工作岗位，我开始有点喜欢这个专业了，而且我以后也想去今天参观的企业上班，我想做那里的员工。"班主任微笑着对我说："老师相信你，加油！"

从那以后，我开始认真上课，认真参加专业实训课，学习成绩慢慢名列班级前茅。

中职二年级的时候，学校组织我们去企业实习半个月，我觉得非常没有必要。在学校我们已经通过实训学习了各种专业技能，而且反复的练习使我的技能逐渐提升，为什么在这个时候突然去企业学习半个月，难道是企业人手不够，让我们去充数？于是下课后，我找到班主任，说："我可不可以不参加本次实习？"班主任问："为什么呢？""因为我觉得在学校练习学习技能比在企业更好，而且学校的专业课程老师也更清楚怎样讲解我们才学得快。""老师很高兴你能思考并来找我沟通问题，但是老师要告诉你，它们之间是有区别的，学校的专业实训是通过模拟实际工作环境，而专业实习是把同学们直接安排到工作岗位上，在工作中学习。让大家直接参与到一线中来，体验真实的工作环境，并通过真实的工作检验大家在校习得知识与技能是否能够在实际中运用，是提升岗位技能难得的机会。"

听了班主任的一席话，我调整好心态，在学校的组织安排下，积极主动参加了为期半个月的实习。在企业师父的带领下，体验了与专业对应的几个岗位的实际辅助工作，熟悉了对应的岗位生产过程以及设备工作原理、设备结构和维护管理，我的岗位技能获得了大大的提升，也确实感受到了模拟与实际之间还是有区别的。我的师父非常负责，每天会提前做好工作计划，兢兢业业地完成工作任务，对我的培养也是充满了耐心，我希望以后也能成为师父那样的人。

最后一学期，我进行了向往已久的顶岗实习，在学校的推荐以及自身的努力下，我非常幸运地去到了曾经参观的企业实习。在这期间，我按照学校和企业的要求，遵守规章制度，工作上遇到困难谦虚主动地向他人学习，遇到生产问题积极与同事交流沟通，与同事协作按时完成生产任务，总结工作经验。

渐渐地，我发现自己越发喜爱自己的本职工作，也领悟到了现代工程技术人员应当具备的质量意识、安全意识、管理意识、市场意识、竞争意识和创新意识等工程素质要求和团结协作的集体精神。通过努力，我不仅很快地适应了企业的工作节奏，与同事相处愉快，而且还很幸运地获得了企业的认可，被评选为"优秀实习生"。

毕业找工作期间，因为我有企业工作经验，而且还被顶岗实习的企业评为"优秀实习生"，所以我很快就找到了满意的工作。

这就是我的职中生涯，努力而幸运！

（原创故事）

职场通关廊

小华，男，中职三年级学生，在M公司专业实习——汽车销售。

第一天，M公司对实习生开展培训，培训主管依次讲解企业简介、企业文化、企业组织架构、企业规章制度、各岗位职责、员工职业规划。但是当培训主管讲到企业文化的时候，小华心想：我一个实习生，了解这些干吗，照着ppt讲，我也能当培训主管。有了这个想法后，小华再也听不进培训主管的讲解。小华在走神中度过了实习的第一天，接下来也没有认真学习培训主管发的资料。

第二天，M公司按照惯例召开晨会，小华发现只有他一人没有着正装，心中十分懊恼。小华因为担心被部门主管批评，因此晨会内容听得也是断断续续。回到自己的工作岗位后，小华努力回忆晨会时候部门主管安排给自己的任务。

在小华的努力回忆下，想起部门主管安排给他的任务：跟踪几个有意向购车，但是还没购买的客户。可是客户的资料在哪儿呢？小华知道是自己没有认真听晨会，所以也不好意思咨询其他同事，只得自己胡乱地在办公桌上找客户资料。

小华终于找到客户资料了，可是已经中午了。吃过午饭，为了能及时完成任务，小华放弃了午休的时间，赶紧给各个客户打电话。电话打通了，可是小华却不知道如何回答客户的问题，小华十分焦躁，终于在客户的一声唉叹声中挂断了电话。挂断电话的小华，不知所措，但为了完成任务，小华又打了第二个电话，这次客户的问题小华还是回答不上来，于是电话又在客户的哀叹声中挂断了。小华再也没有勇气打电话了，毫无办法地呆坐在办公桌前，等待着下班。

下班前，部门主管找到小华，对小华说：今天你的表现不是很好，希望你能回家好好总结，明天有一个好的工作状态。

1. 小华专业实习不顺利的原因是什么？

2. 怎样做可以帮助小华走出困境？

不顺利的原因	解决的办法
1. 2. 3. ……	1. 2. 3. ……

职场心·愿树 ≫

亲爱的同学，在以后的专业实习中，你将采用什么方法来让自己的专业实习更圆满？请写在下面吧。

_____

_____

_____

_____

_____

职场拾贝苑 ≫

亲爱的同学，请将你在本节课学习、活动中的收获、体会和成长记录下来哦！

收获：_____

_____

体会：_____

_____

成长：_____

_____